Manual del apicultor aficionado

Colmena de abejas

Portada del libro
«El aire y el mundo aéreo»
por A. MANGIN. 1865

Manual del apicultor aficionado

André Regard
Presidente del
Centro de Formación Apícola
de Beautheil

Traducido por
Pedro Merodio Iglesias
Veterinario Militar

Editorial ACRIBIA, S. A.
ZARAGOZA (España)

Título original: Le manuel de l'apiculteur néophyte

Autor: A. Regard

Editorial: Technique et Documentation-Lavoisier
11, rue Lavoisier-F 75384 Paris Cedex 08

Reimpresión 2020

I.S.B.N.: 978-84-200-0773-1

www.editorialacribia.com

IMPRESO EN ESPAÑA PRINTED IN SPAIN

Depósito legal: SE2827-2005 Editorial ACRIBIA S.A.- Royo, 21 - 50006 Zaragoza

Imprime: ULZAMA DIGITAL 2020

Tabla de materias

Prólogo

La cría de abejas es verdaderamente una de las más interesantes y apasionantes entre todas las practicadas: es igualmente una de las más extendidas, no solamente en razón de la producción de miel que aporta, sino también a causa del entorno intelectual que la acompaña.

En efecto, otra de las ventajas que acompañan la explotación de las colmenas, el estudio de la abeja y de todo lo que con ella se relaciona hace que esta actividad se transforme rápidamente en pasión desde que se busca profundizar en sus numerosas prolongaciones.

Pero todo tiene un comienzo, y el principiante debe, en primer lugar, a conocer las abejas, a manejarlas, a conducir sus colonias con el fin de obtener los mejores resultados. La presente obra no tiene por consiguiente otra finalidad que dar al neófito las enseñanzas y consejos que le son indispensables en sus contactos iniciales con las abejas. En un primer tiempo, es efectivamente mucho más útil saber que hacer para manejar sus abejas que disponer de datos complicados o de técnicas sofisticadas que podrá con tranquilidad aprender más tarde.

El **Manual del apicultor aficionado** *es una guía sencilla dirigida al principiante dándole las indicaciones indispensables. A continuación le será posible profundizar en uno u otro tema dirigiéndose a las obras especializadas, cuando se trata del estudio de los productos de la colmena, cría de reinas, anatomía, flora, lucha contra las enfermedades o incluso historia.*

La apicultura, iniciada como un pasatiempo, se convierte velozmente en una pasión. Yo deseo que la presente obra sirva de guía en los primeros pasos del aficionado y contribuya a orientarle en una actividad que constituye, a mi parecer una de las más próximas a la naturaleza, por consiguiente una de las más bellas.

André REGARD

I Conocer las abejas

La abeja es un insecto, como todos saben, pero el número de ellos es tan grande que ha sido necesario clasificarlos en familias principales.

Si las mariposas forman parte del orden de los lepidópteros, la mosca vulgar del de los dípteros, la abeja, está relacionada a los himenópteros. Como todos los insectos, posee un esqueleto externo articulado, especie de caparazón que contiene todos sus órganos vitales.

Su cuerpo comprende tres partes esenciales claramente diferenciadas: cabeza, tórax, abdomen.

No nace directamente con el estado definitivo sino que como la mayoría de los insectos, se presenta inicialmente bajo la forma de una larva nacida de un huevo.

Esta larva habiendo crecido, emprende su transformación con vistas a llegar a insecto completo. Esto no sucede sino después de haber pasado por diferentes estadios desde que la abeja sale de su celda, completa, y dispuesta a emprender su vuelo. Estas sucesivas transformaciones se llaman «metamorfosis».

Los himenópteros

Los himenópteros son numerosos. Forman parte de esta clase las avispas, hormigas, termitas y otras numerosas especies, entre las cuales hay muchas variedades de abejas.

Las abejas comunes son insectos sociales que viven en colonias más o menos numerosas. Como la mayoría de los himenópteros, tienen seis patas y dos pares de alas, pero no nos extendemos sobre su anatomía ya que un capítulo especial está reservado a este estudio.

Las especies de abejas

Existen numerosas especies de abejas. La que nos interesa es llamada *Apis mellifica* lo que quiere decir: abeja de miel. Existe desde hace millones de años (terciario) y se han encontrado abejas fósiles en el ámbar. Ya en esta época, habían prácticamente terminado su evolución y parecían casi semejantes a lo que ellas son hoy día.

Las abejas en el mundo de los insectos

Las abejas forman parte del Reino animal		
	PRINCIPALES	**OTROS**
CLASE ↓	**Insectos** (más de 800.000 especies diferentes) La clase de los insectos se subdivide en 32 órdenes	
ORDEN ↓	**Himenópteros** - Apócritos (abdomen unido al tórax por un pedúnculo) - Aculeatos (abdomen terminado por un dardo o un aguijón)	Dípteros (moscas, etc.) Lepidópteros (mariposas, etc.) Coleópteros (escarabajos, etc.) - Symphitos: abdomen unido al tórax - Terebrantes: hembras portadoras de oviscapto para puesta
SUPER FAMILIA ↓	**Apoidea** - abejas diversas (20.000 especies)	Vespidea (avispas) Formicidea (hormigas)
FAMILIA ↓	**Apidae** - abejas sociales o solitarias (lengua larga - nidificación variable)	- Colletidae - Megachilidae - etc.
GENERO ↓	***Apis*** (abejas sociales se multiplican por enjambrazón)	- *Melipona* - *Bombus* - *Trigona* - *etc.*
ESPECIE ↓	***Apis mellifica*** (abejas domésticas)	*Apis cerana* *Apis florea* *Apis dorsata*
RAZA ↓	- numerosas... Las principales son: *Apis mellifica* *Mellifica* *Apis mellifica* *Ligustica* *Apis mellifica* *Causasica* *Apis mellifica* *Carnica*	
SUB-RAZA		
LINEA...		

La especie *Apis mellifica* comprende diversas razas repartidas inicialmente sobre tres continentes únicamente, Europa, Asia y Africa. América y Oceanía no las tenían y han sido los hombres quienes las han introducido durante el período colonial.

La raza con mucho más importante es la abeja negra que conocemos en Francia. Su área de dispersión va desde España a los Urales y cubre Francia, Gran Bretaña, Irlanda, Alemania, Países Escandinavos, Polonia y la mayor parte de Rusia. Rechazada hacia el sur durante los períodos glaciares recuperó la posesión del terreno perdido durante los períodos de recalentamiento que siguieron.

Otras razas ocupan zonas más restringidas. Por ejemplo, la abeja italiana vive en una parte de Italia, la cárnica o carniolina ocupa la Europa central: Hungría, Austria, Checoslovaquia, Rumania, Yugoslavia. La caucasiana, como su nombre indica vive en las regiones lindantes al Cáucaso. Estas son las cuatro razas más conocidas y más explotadas. Cada una lleva un nombre latino.

Diversas particularidades las diferencian. El color para algunas, el tamaño, una ligera diferencia de forma y detalles más difícilmente observables, tales como la forma de algunas nervaduras de las alas. Nosotros dejaremos por consiguiente a los especialistas el cuidado de determinarlas.

Período prehistórico

Antes de su explotación por el hombre, las abejas vivían en estado natural, buscando refugio en todas las cavidades que ellas podían descubrir, bien sea en las rocas, o bien más frecuentemente en los huecos de los árboles.

¿Cómo descubrió el hombre la miel? No se puede a ciencia cierta que hacer más que suposiciones, pero aprendió velozmente a recuperar el precioso producto y a conservarlo. Existe en España, cerca de Valencia, una gruta en la cual figura una pintura que data de la época neolítica representando una persona que recupera la miel en una cavidad rocosa; y esto indica el interés que los primeros hombres tenían con este producto.

Mientras el hombre tuvo una vida nómada, él se contentó sin duda con buscar los enjambres salvajes para cogerles sus panales. Cuando aparecen los primeros asentamientos, los constructores tuvieron necesidad de madera. Por consiguiente conservaron los trozos de troncos de árbol que albergaban las abejas y los instalaron en la proximidad de sus viviendas. Así tuvieron al alcance de la mano el único producto azucarado del que los hombres han dispuesto hasta la aparición del azúcar industrial.

Más tarde, utilizaron los cestos de mimbre, de paja, de juncos. Los embadurnaron de arcilla, después de estiércol de vaca o de yeso para hacerlos más aislantes. Estos hábitats fueron muy bien aceptados por las colonias de abejas y de este modo aparecieron los primeros colmenares.

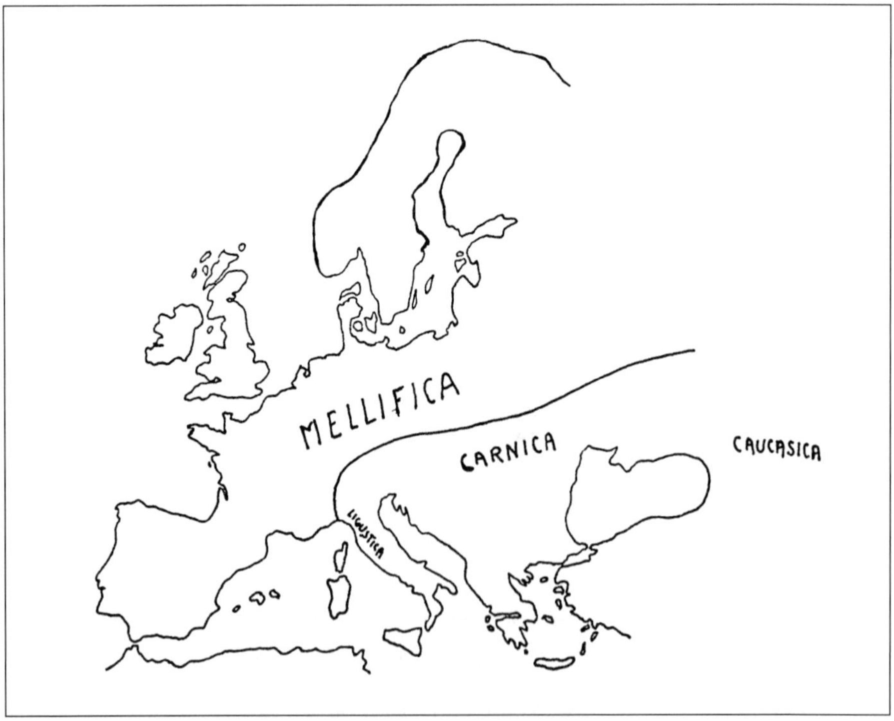

Distribución en Europa de la abeja Apis mellifica

Período histórico

Los egipcios y los griegos supieron explotar racionalmente estos insectos. Los documentos que tenemos sobre estos pueblos nos permiten conocer sus métodos. Los textos griegos y latinos han llegado hasta nuestros días. VIRGILIO, en las *Geórgicas* nos ha legado todos los conocimientos de su época sobre la apicultura. PLINIO, ARISTOTELES y también algunos otros han descrito igualmente lo que ellos sabían sobre las abejas.

Durante siglos los métodos permanecieron casi semejantes a como eran en tiempo de los griegos o de los galos. Muchas granjas poseían colmenas y la producción de miel y de cera era muy importante.

La recogida, según las regiones, se efectuaba en primavera o en otoño. Con frecuencia, por no decir siempre, se asfixiaba a las abejas para recuperar los panales. Las cosas sucedían del modo siguiente.

En un lugar tranquilo el propietario instalaba una docena de colmenas, que durante el verano, se llenaban de miel. Una vez llegado el otoño cada colmena era sopesada y las más pesadas eran las sacrificadas. La operación se efectuaba generalmente una vez caída la noche cuando todas las abejas habían entrado. El propietario debidamente protegido por una máscara y guantes, cogía con precauciones cada panal a cosechar y lo colocaba en el suelo encima de un agujero en el cual había prendido fuego a una mecha de azufre. Todo el enjambre era asfixiado, haciéndose por consiguiente inofensivo. Cuando las abejas habían muerto, los panales se llevaban a la casa. Allí, los panales de miel eran recortados y depositados en un gran recipiente en el fondo del cual se había colocado un tamiz. Los panales se aplastaban entonces para permitir fluir la miel. El tamiz conteniendo la recogida se ataba y enganchaba a una viga por encima del barreño. La miel podía fluir y rápidamente no quedaba sino un paquete de trozos de panales que se hacían fundir para recuperar la cera. La miel podía entonces ponerse cuidadosamente en una vasija y conservarse. En los colmenares más importantes, se utilizaban prensas rudimentarias que permitían acelerar el trabajo de recuperación de la miel.

No es sino en el curso del siglo XVII cuando algunos observadores han investigado para descubrir el secreto de la vida en el interior de la colmena. Los primeros tratados aparecieron en esta época. Se relataba allí algunas creencias antiguas, tal como la leyenda de su nacimiento en el cuerpo de un buey sacrificado.

En realidad no es sino con el siglo XVII cuando va a aparecer una verdadera ciencia de la apicultura, ayudada por la aparición del microscopio. Se harán entonces las primeras observaciones metódicas sobre la anatomía de las abejas.

Las bases reales de la apicultura moderna fueron dadas por Réaumur en las Memorias para ayudar a la historia de los insectos, publicadas de 1734 a 1742. *Retrato de René Antoine Ferchault de Réaumur (grabado sobre cobre)*

El siglo XVIII será el de los principales descubridores. REAUMUR publica (1734-1742) sus *«Memorias para ayudar a la historia de los insectos»*. El construyó una colmena experimental de cristal para poder observar el trabajo de las abejas. Francois HUBER, un naturalista suizo, construye una colmena de hojas que va a permitirle excelentes observaciones sobre la vida del enjambre. Está ciego y se hace ayudar por un ayudante que, según las directrices de su maestro, efectúa todos los trabajos.

Con el siglo XIX aparecen las primeras colmenas de cuadros móviles. Ellas van a construir una verdadera revolución en la explotación de las abejas ya que el apicultor no estará ya obligado a recurrir a la asfixia para efectuar su recogida.

PAIX DE BEAUVOYS inventa las primeras colmenas de cuadros realmente amovibles disponiendo un espacio entre estos y el cuerpo de la colmena.

La apicultura moderna ha nacido, llamada también «apicultura movilista», en oposición con la «apicultura fija» practicada hasta entonces. Estos términos están esencialmente ligados al hecho que, en un caso es posible sacar uno a uno los panales de la colmena, observarlos y volverlos a colocar en su sitio, mientras que esta operación es impracticable en un cesto o en una caja.

Paix de Beauvoys 1797-1864

Durante largo tiempo, partidarios de uno y otro sistema se opusieron, y los poseedores de los dos campos intercambiaron los argumentos más virulentos de los que las revistas apícolas de la época señalan lo esencial.

Colmena de paja «con gorro»

Colmena de cuadro «DADANT» con su alza

Los «inmovilistas» reprochaban a sus antagonistas de perturbar la vida en el interior de la colmena y de perjudicar también a la familia debido a las continuas intervenciones. Los «movilistas» evocaban las masacres impuestas por la recogida en los cestos. Entre los dos, se insertará un clan partidario de un sistema mitigado consistente en cubrir la colmena fija por un alza provista de panales móviles.

El número de tipos de colmenas que surgieron entonces fue impresionante. Cada uno construía su modelo con sus dimensiones «calculadas». Los poseedores de colmenas con dcsarrollo horizontal tuvieron por jefe de fila a M. de LAYENS, los de aumento vertical fueron defendidos por DADANT, el abate VOIRNOT, pero el primero fabricaba los cuadros más largos que altos mientras que el otro los quería cuadrados.

También hay colmenas de cuadros triangulares o trapezoidales, incluso en ojiva. Además de las colmenas de madera, se las fabrica de cemento, de chapa. En resumen la imaginación no falta a los apicultores, los sistemas más diversos vieron la luz.

Poco a poco todo ello se decanta y hoy nos queda una apicultura moderna, aproximadamente racionalizada y que permite una explotación relativamente fácil de las abejas.

II Los habitantes de la colmena

La colonia de abejas

La abeja es un insecto social, no puede vivir sino en grupo y a condición que este grupo tenga una importancia suficiente. Una abeja sola muere muy rápidamente.

Diez abejas reunidas pueden sobrevivir unos días. Es necesario varios cientos de abejas para que la vida sea posible, pero un enjambre normal debe, para desarrollarse normalmente, comprender una población de diez a quince mil individuos. Por debajo de este número la sociedad va a vegetar y no podrá acumular las reservas necesarias para sobrevivir durante el invierno. Otros factores van a intervenir, tales como la posibilidad de mantener en el interior de la colmena el calor suficiente.

En efecto, un buen enjambre, capaz de desenvolverse, debe tener 20.000 a 25.000 obreras, pero esta cantidad, lo veremos más adelante, puede ser mucho más importante y alcanzar los 80.000 e incluso 100.000 individuos en ciertas épocas del año.

Los habitantes de la colmena

Una abeja pesa aproximadamente 1 decigramo, un enjambre tiene un peso de 2 kg de abejas o más. El enjambre es pues una entidad viviente en el que los elementos constitutivos no son viables sino cuando están agrupados en comunidad.

Particularidades:

— La abeja es un insecto, por consiguiente de sangre fría, pero la colonia tiene necesidad de una temperatura mínima para subsistir;
— Cada abeja aislada no piensa en la recogida, pero las abejas en grupo reunen importantes reservas;
— La abeja aislada está indefensa, pero la colonia sintiéndose en peligro se defiende con vigor.

La abeja es pues, por analogía muy lejana, como una célula del enjambre con el mismo título que nuestras células participan en la vida de nuestro cuerpo, cada una tiene su acción propia que sirve al conjunto, mientras que estando aislada no puede nada y muere.

En la abeja, la vida comunal es permanente. No existe ningún período de reposo o de invernación en el sentido propio de la palabra. En pleno invierno la abeja en la colmena, se alimenta, se desplaza crea el calor indispensable para la vida del grupo. Sólo la actividad

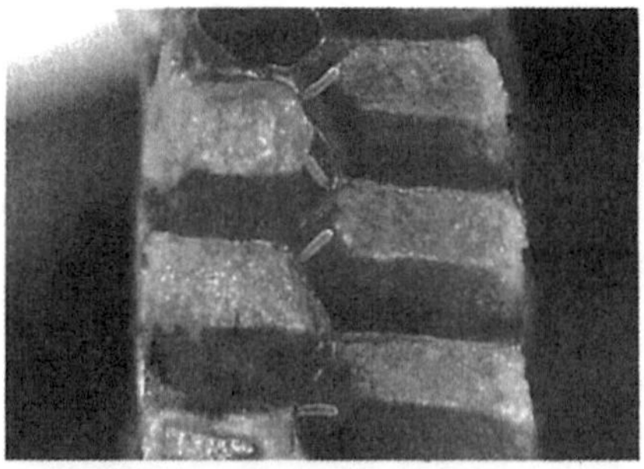

Corte de panal con huevos

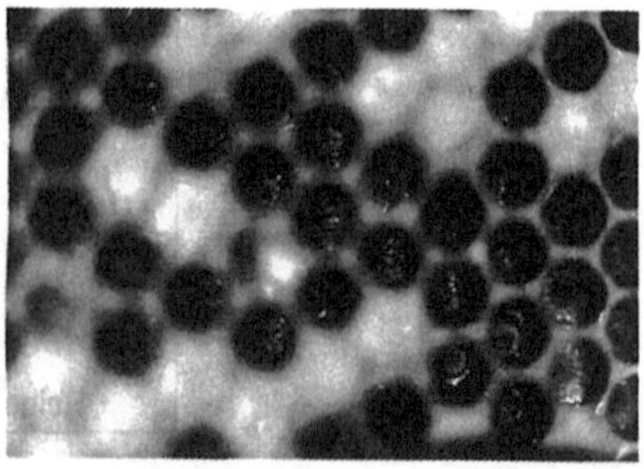

Larvas jóvenes y huevos en las celdillas

está ralentizada y no la recobra sino bajo unas condiciones.

Ningún orden establecido existe aparentemente en la colonia. Ninguna entidad gubernamental, directorial o dictatorial existe. Los individuos que la componen reaccionan en función de las necesidades sin que ninguna orden sea dada o transmitida. La colonia «es», tiene hambre, tiene frío, se reproduce, asegura sus reservas. Cada abeja aporta su parte de esfuerzo a esta vida comunal. Ella está ligada a su familia y no puede separarse.

En resumen se puede decir que la colonia de abejas tiene una vida propia, prácticamente infinita en el tiempo, los diversos elementos usados son reemplazados a medida de las necesidades.

La colonia de abejas comprende *tres* categorías de individuos. Dos son sexuados, las *reinas,* y los *zánganos,* la tercera está compuesta por elementos incapaces para la reproducción, al menos en las condiciones normales, estos son las *obreras.*

Todos los individuos que viven en la colmena han nacido a partir de un huevo puesto por la reina.

Este huevo, de forma alargada, mide 1,4-1,6 mm de longitud. Es blanco. Depositado en el fondo de una celdilla, eclosiona después de tres días y da nacimiento a una larva que las abejas vienen a alimentar.

Esta joven larva recibe, durante sus tres primeros días de vida, una alimentación especial suministrada por las nodrizas llamada jalea real. Cada larva, durante este período, recibe este único alimento, cualquiera que sea el individuo a nacer a partir de la larva alimentada *(ver fotografía 1).*

La reina

La reina es el órgano femenino de la reproducción en la colonia. De hecho, es la madre común de todo lo que vive en la colmena.

Su nombre de reina le viene por el hecho de que antiguamente, antes de que sus funciones de ponedora hu-

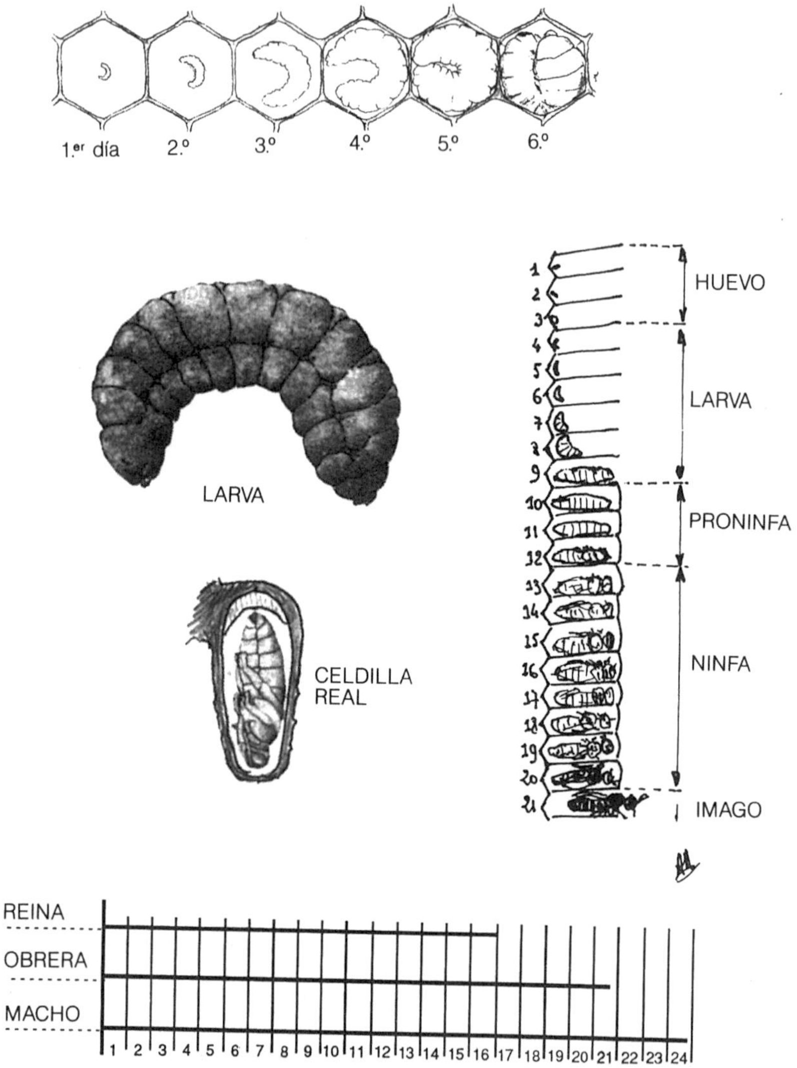

Desarrollo de la larva

bieran sido puestas en evidencia, se la había llamado rey, sin duda porque era única en su género en la colmena, y por analogía con los regímenes existentes entonces. Habiendo sido establecida su «feminidad», debe tomar el pomposo nombre de reina, denominación prácticamente actual de forma universal (1).

Morfológicamente la reina es diferente de las obreras. Su cuerpo es netamente más grueso. Su tórax más voluminoso, su abdomen mucho más largo, sobre todo en período de puesta.

La cabeza lleva los ojos menos importantes, la lengua es más corta. Las patas no poseen ninguno de los accesorios indispensables para el trabajo de las obreras.

A estas diferencias exteriormente visibles se añaden aquellas esenciales, relativas a los órganos sexuales. La reina posee un sistema ovárico muy desarrollado que le permite poner una considerable cantidad de huevos en un tiempo reducido.

La reina no nace como las obreras en la celdilla hexagonal de un panal, sino en una larga celdilla vertical construida especialmente y llamada *celdilla real.* Esta adopta la forma de una bellota teniendo su punta vuelta hacia abajo. El interior es prácticamente de sección circular. En esta muy grande celdilla la larva toma una dimensión más importante gracias a la especial alimentación que recibe en abundancia. En efecto, en lugar de ser alimentada con una papilla hecha con miel, polen y agua como son las larvas jóvenes de abejas a partir del cuarto día de su nacimiento, la futura reina no recibe sino jalea real hasta su completo desarrollo. Es una alimentación muy rica que va a acelerar su evolución y que, además, va a permitirle durante su ninfosis convertirse en un insecto hembra completo capaz de reproducción.

Su evolución se realiza en quince días:

— 1.er día: puesta del huevo;
— 4.º día: nacimiento de la larva;

(1) O casi, puesto que en la URSS se le llama «mamá».

— 9.º día: operculación de la celdilla;
— 16.º día: nacimiento de la reina.

Estos plazos son los generalmente comprobados pero pueden variar ligeramente y se ha podido observar nacer reinas el decimoséptimo día, incluso el decimooctavo día después de la puesta. Es necesario no perder de vista que la evolución debe hacerse a una temperatura dada y si esta no se alcanza, las transformaciones pueden encontrarse ligeramente ralentizadas, particularmente en las colonias insuficientemente pobladas. Inversamente, la evolución puede acelerarse ligeramente si el tiempo es muy cálido.

Nacimiento

Cuando la reina ha terminado su metamorfosis ella emprende la apertura de su celdilla. Con sus mandíbulas, roe en su periferia el opérculo de cera que la mantiene prisionera. Cuando este trabajo está terminado, el opérculo se abre como una tapadera y la reina puede salir.

Muy frecuentemente las abejas ya han roído y adelgazado la extremidad de la celdilla con el fin de facilitar el trabajo de la recién nacida.

Fecundación

Las reinas de las abejas son fecundadas al principio de su vida. El acoplamiento con los zánganos no puede hacerse sino en vuelo. Ello se produce en el curso de una o varias salidas.

En los días que siguen a su nacimiento, la reina va a empezar su vuelo de fecundación. Generalmente se efectúa hacia el 4.º ó 5.º día pero algunas reinas salen más tarde. Para que la reina pueda efectuar su vuelo, es necesario que las condiciones atmosféricas lo permitan. Muy frecuentemente la reina realiza una primera salida con el fin de localizar el lugar donde se encuentra la colmena. Ella vuela al principio a muy poca distancia de la entrada, después se aleja haciendo círculos con el fin de situar bien el lugar a donde deberá volver. Terminada su localización ella vuelve a entrar. No es sino al día siguiente o en los días que siguen cuando realizará su salida de fecundación.

Reina en período de puesta

Macho o zángano con abejas

Los vuelos de fecundación generalmente tienen lugar entre las 10 y 16 horas (1), es decir en las horas cálidas y soleadas del día. La reina sale y toma entonces directamente su vuelo para desaparecer en el cielo. La duración de su ausencia es muy variable, de diez minutos a una hora. En el curso de su salida la reina se acopla con los zánganos.

Durante mucho tiempo se ha pensado que la reina no aceptaba más que un solo zángano, pero recientes observaciones han permitido constatar que ella se acopla sucesivamente de ocho a diez veces.

Durante estos encuentros la reina almacena en una bolsa especial, llamada espermateca, todo el stock de espermatozoides necesario para la fecundación de los huevos que pondrá durante su vida. Si esta espermateca no está llena durante un primer vuelo, la reina saldrá una o varias veces con el fin de completar esta reserva.

No es sino cuando la espermateca queda llena cuando la reina, después de un reposo de unos días, emprenderá la puesta.

---

(1) Horas solares.

Retrasos en la fecundación

En ocasiones la reina no queda fecundada en los días que siguen a su nacimiento. Las causas pueden ser las siguientes:

En primer lugar el mal tiempo. El frío, lluvia, tiempo incierto impiden a la reina salir. Por el contrario, el sol, el cielo despejado favorecen su vuelo. Si el buen tiempo tarda en llegar, la reina permanece confinada en la colmena y la fecundación se retrasa hasta que las condiciones atmosféricas lo permiten.

A continuación la ausencia de zánganos puede ser la causa del retraso. El tiempo puede ser bueno, pero la reina no será fecundada si no existen machos para realizar esta acción. Ahora bien los zánganos son prácticamente inexistentes en invierno. Todos han sido suprimidos en el otoño. Las abejas crían otros en primavera pero no están presentes en el cielo sino cuando llegan los días buenos. Una reina puede por consiguiente esperar durante varias semanas antes de poder ser fecundada.

Finalmente, una malformación cualquiera puede impedir a la reina, bien el iniciar su vuelo y en este caso ella no quedará nunca fecundada puesto que la unión con los machos no puede hacerse sino en pleno cielo, bien el acoplarse normalmente si existe una deficiencia a nivel genital.

Puesta

Le reina, fecundada o no, emprende su puesta en un plazo dado. Si está fecundada, lo que sucede en la mayoría de los casos, su espermateca está llena y se estima en 4 ó 5 millones el número de espermatozoides que tiene en reserva.

Después de unos días la reina abundantemente alimentada por las abejas va a comenzar su eterno trabajo de reproducción. Es por consiguiente aproximadamente 25 a 30 días después del principio de la cría cuando la nueva reina comienza a poner, este plazo se descompone como sigue:

— período de cría: 16 días
— período de reposo antes
del vuelo nupcial: 5 días aproximadamente

— período de reposo después del vuelo de fecundación: 3 días aproximadamente

24 días mínimo

El apicultor debe pues esperar 24 días aproximadamente antes de constatar la presencia de huevos nuevos en la colmena. Sin embargo, este plazo puede quedar abreviado en algunos días si la cría de la reina ha sido emprendida con una larva ya nacida y que puede tener 24 a 36 horas. Tres a cuatro días pueden ganarse de esta forma. Inversamente, y por las razones expuestas anteriormente (ausencia de machos o mal tiempo), un retraso que puede alcanzar los 20 días puede ser observado, lo que lleva a casi 45 días la aparición de los primeros huevos en los casos más desfavorables. A partir del momento en que la reina es fecundada su abdomen aumenta y se alarga, siendo posible distinguirla más fácilmente entre la población.

La reina comienza su puesta por el centro de la parte del panal cubierto por las abejas. Deposita un huevo por celdilla. La celdilla que ha sido previamente preparada por las abejas, la reina comienza por inspeccionarla. Una vez comprobado que es apropiada para recibir un huevo, se vuelve e introduce en ella su abdomen. El huevo queda depositado en el fondo de la celdilla, prácticamente en el centro y de forma vertical.

Sucede que la reina deposita varios huevos por celdilla. En este caso se trata verdaderamente de una reina muy prolífica, no disponiendo de sitio suficiente. Este fenómeno se produce sobretodo en las reinas muy jóvenes que se encuentran al frente de una muy pequeña población. Esto es netamente muy raro en las reinas de más edad.

La puesta se realiza de modo circular sobre el cuadro, estando las dos caras ocupadas simultáneamente.

Reina no fecundada

Si por las razones expuestas anteriormente, la reina no ha sido fecundada en un plazo dado (25 a 30 días), ella comienza no obstante a poner. Los huevos no pueden consiguientemente estar fecundados, pero entran sin embargo en evolución y las larvas que nacen después de 3 días darán individuos machos.

Este fenómeno de generación a partir de huevos no fecundados se llama: «**partenogénesis**».

Importancia de la puesta

La reina modula su puesta a todo lo largo del año. En algunos períodos esta puesta es muy importante, en otros es nula. Esta variación tiene diversas causas.

En primavera, la colonia tiene necesidad de libadoras para asegurar la recogida venidera, la cría se emprende sin que ella tenga aportes exteriores.

Al final de la primavera la importancia del pollo varía en función de las entradas de néctar, y las abejas pueden ser inducidas a reducir considerablemente la cría si la estación es mala y la recogida es nula.

La flora juega un papel esencial en el comportamiento de las abejas. En las regiones que tienen pocos recursos nectaríferos en primavera, la puesta queda muy limitada y no se desarrolla hasta unas semanas antes de la floración asegurando la recogida. Este es el caso de las abejas que viven en las Landas especialmente, que no se preparan sino para aprovechar la mielada de los brezos (calluna o erica).

En las regiones donde, por el contrario, la libazón debe efectuarse muy pronto (árboles frutales, colza, acacias) la puesta comienza en enero-febrero y se desarrolla inmediatamente para alcanzar su máximo al inicio de la mielada. Enseguida disminuye para detenerse en otoño. Sin embargo, en las regiones meridionales de clima cálido, la puesta de la reina no se detiene prácticamente. Este comportamiento explica fácilmente porque es peligroso para la rentabilidad de la explotación y el equilibrio biológico de la colmena instalar en el colmenar colonias de procedencia extraña a la región (1).

La reinas jóvenes ponen muy pronto y detienen su puesta más tarde en la época. Una reina en pleno desarrollo puede poner una cantidad considerable de hue-

---

(1) Consultar la obra «*Sélection et élevage des reines-essaimage artificiel*» del mismo autor donde este tema ha sido especialmente desarrollado.

vos por día. Algunos autores señalan la cifra de 1.200, otros la de 2.000. Esta cantidad puede quedar rebasada puesto que algunas colmenas DADANT 12 cuadros están a veces llenas de pollo y se encuentran en el alza. La superficie total puede representar hasta 120 dm^2. Si se cuenta 700 celdillas por dm^2 ello indica 84.000 celdillas pobladas en 21 días, o sea a una media de 4.000 por día, pero estos casos son excepcionales. Pesando el huevo aproximadamente 0,13 miligramos, el peso puesto por día se aproxima entonces a 520 mg mientras que la reina pesa de 250 a 300 cuando ella está en período de puesta.

Este resultado se hace posible gracias a la alimentación que recibe la reina. Es alimentada con jalea real, alimento del que ya hablaremos.

Duración de la vida

Es verosímilmente gracias al hecho de que sea alimentada con jalea real el que la reina tenga una duración de vida de varios años.

Muchas viven tres años, algunas llegan a cuatro. Se ha señalado algunos casos de reinas que han vivido cinco años, pero esto es un hecho excepcional y los tales ejemplares debían ser alojados en colmenas de observación donde su puesta ha podido encontrarse limitada.

La reina es muy fecunda durante los dos primeros años. A continuación la importancia de su puesta decrece y las reinas de más edad se encuentran al frente de colonias menos pobladas, teniendo por consiguiente un rendimiento netamente inferior al de sus vecinas que poseen madres jóvenes. Así, para tener un colmenar que tenga un buen rendimiento *es necesario sustituir sistemáticamente las reinas cada dos años.*

La obrera

La obrera es una hembra atrofiada, o que ha evolucionado diferentemente. En efecto la atrofia en su desarrollo no concierne sino a los órganos de reproducción. Por el contrario algunas partes de su cuerpo están transformadas para ayudar a realizar los trabajos que le son propios en el curso de su vida: lengua más larga, cestillo de polen, brochas, etc.

La obrera nace a partir de un huevo puesto en una de las celdillas hexagonales que constituyen los panales.

La evolución del huevo en larva, proninfa, ninfa, imago o insecto perfecto se realiza en 21 días:

— 1er día: puesta del huevo
— 4.° día: nacimiento de la larva
— 9.° día: operculación de la celdilla.
— 21.° día: nacimiento de la abeja.

Si, durante los tres primeros días de su vida la larva destinada a ser abeja es alimentada con jalea real, esta alimentación especial es suprimida a partir del 4.° día y sustituida por una papilla hecha con una mezcla de miel, polen y agua. Es esta diferencia en la alimentación lo que va a influenciar la morfología del insecto a nacer. Esta variación de la evolución de los individuos de la colmena en función de la calidad del alimento es uno de los casos raros constatados en la naturaleza.

A su nacimiento, la larva salida del huevo apenas es visible en el fondo de su celdilla. Inmediatamente es alimentada por las abejas con jalea real y esta distribución durará tres días. Durante este período, la larva habrá engordado considerablemente. Durante otros tres días recibirá la papilla elaborada por las nodrizas. Al final de este período va a llenar una gran parte de su celdilla. Enroscada en el fondo de aquella, va a deber alargarse sobre la pared interior para transformarse. Llegada a su máximo tamaño, la larva va a tejer un ligero capullo mientras que, en el exterior, las obreras van a obturar su celdilla con una película de cera. Encerrada de este modo, la larva con toda tranquilidad se convertirá en insecto perfecto *(ver fotografía 2).*

Terminada esta metamorfosis, la joven abeja va entonces a abrir la celdilla en la cual está confinada royendo la cubierta de cera u opérculo construido sobre ella. Saldrá y tomará su sitio en la colonia.

Para que las diferentes fases de la evolución del huevo, después del desarrollo de la larva y por último la nínfosis puedan hacerse en buenas condiciones, es necesario que haya en el interior de la colmena las condiciones de temperatura y de higrometría bien definidas. La temperatura particularmente debe estar comprendida entre los 35 y 37 grados centígrados. Este ambiente es obtenido por las abejas que se reúnen o se separan, formando con sus cuerpos una esfera, en el interior de la cual las condiciones requeridas para un buen desarrollo de la cría del pollo se mantienen.

Un buen equilibrio alimentario es igualmente indispensable. Especialmente el polen aporta la parte nitrogenada del alimento y su ausencia o su insuficiencia pueden producir perturbaciones en la cría.

Anatomía de la abeja (1) (ver Capítulo IX)

La abeja, en el estado de insecto perfecto o imago posee un cuerpo compuesto por tres partes esenciales: la cabeza, tórax y abdomen.

La cabeza lleva las antenas, los órganos bucales, los de la vista. Alberga el cerebro y diversas glándulas.

El tórax soporta dos pares de alas y tres pares de patas.

El abdomen, formado por anillos articulados, es de volumen variable. Encierra entre otros el aparato digestivo, lo esencial del aparato circulatorio de la sangre y del aparato respiratorio. Diversas glándulas están alojadas allí, tales como las cereras y las del veneno.

Como todos los insector, la abeja no tiene esquelto interno sino un caparazón externo, duro, especie de cápsula en la cual están alojados los órganos necesarios para su vida. Este esqueleto externo, formado por quitina, se llama exoesqueleto.

Un capítulo especial trata de la anatomía de los habitantes de la colmena de un modo más detallado.

Particularidades anatómicas

Además de las diferencias presentadas en relación con la reina en cuanto a sus posibilidades de reproducción,

(1) Según «*L'abeille de A à Z*», por A. REGARD, Doct. DOUHET y L. ADAM, obra que trata específicamente de la embriología y anatomía de la abeja.

la abeja obrera posee diversas particularidades anatómicas en relación con sus actividades.

Sus ojos son más importantes que los de la reina (4 a 5.000 facetas en la obrera, 3 a 4.000 en la reina, 7 a 8.000 en el zángano).

Su lengua tiene una longitud de 6 a 7,3 mm (según las razas). Las patas están equipadas con útiles necesarios para su tarea:

— 1.º par de patas: brocha para antenas
— 2.º par de patas: espinas para desenganchar las pelotas de polen, pinzas para cera
— 3.º par de patas: brocha para polen, cestillo para polen.

El dardo situado en la extremidad de su abdomen permite atacar a todos sus enemigos. El de la reina no le permite sino picar a sus rivales.

Actividades en la colmena

Durante su vida la obrera realiza diferentes trabajos:

— *Limpiadora:* prepara las celdillas para que la reina pueda poner los huevos allí.

— *Nodriza:* en una primera parte de su vida distribuye a las jóvenes larvas la jalea real que es segregada por las glándulas mamarias situadas en su cabeza. Esta secreción tiene lugar principalmente del 5.º al 15.º día de la vida de la joven abeja (1). En un segundo tiempo, alimenta a las larvas de más edad con una papilla hecha a partir de miel, polen y agua, elementos que ella almacena momentáneamente en su buche para regurgitarlos cuando las necesidades los precisen.

— *Constructora:* segrega la cera con la ayuda de las glándulas cereras situadas bajo su abdomen, las vacía con la ayuda de las pinzas para cera situadas sobre el segundo par de patas. La cera es malaxada por las mandíbulas.

(1) La secreción de jalea real es tomada por las abejas que han invernado con el fin de satisfacer las necesidades del nuevo pollo.

— *Proveedora de agua, recolectora de propóleos:* aporta a la colmena los elementos necesarios para su mantenimiento.

— *Guardiana:* asegura la vigilancia a la entrada de la colmena y la defiende contra los intrusos.

— *Ventiladora:* cuando la necesidad se hace sentir, bien porque la recogida de néctar es importante y necesite un trabajo de evaporación del agua excedentaria, bien porque la temperatura en el interior de la colmena tiene tendencia a elevarse, particularmente en la época de la canícula.

Termina su vida como *libadora,* llevando a la colmena el néctar recogido sobre las flores y atesorado en su buche, el mielato secretado por algunas plantas o producido por diversas categorías de pulgones. Igualmente efectúa la recogida del polen que ella conduce en forma de gruesas pelotas fijadas en los cestillos, parte externa de las patas posteriores, adaptadas para el transporte de esta recogida.

Duración de la vida

La abeja obrera tiene una duración de vida variable en función del período en que ella ha visto la luz.

Una abeja nacida en primavera va a estar muy rápidamente confrontada con las diversas tareas a realizar. Por consiguiente va a ser empleada muy rápidamente, particularmente en período de mielada. Menos de veinte días después de su nacimiento deberá partir para la libazón, tarea muy fatigosa. Su duración de vida variará de cuarenta a sesenta días.

Una abeja nacida en otoño, cuando no hay más recogida por hacer, vivirá hasta la primavera. Permanecerá numerosas semanas prácticamente inactiva en la colmena, esperando el despertar de la naturaleza. Es ella quien, durante la renovación primaveral, asegurará la cría de las primeras generaciones de jóvenes abejas. Morirá en el curso de las indispensables salidas en marzo-abril, de fatiga o de frío.

No hay por consiguiente una duración de vida bien definida para una abeja. Solamente el desgaste es la causa de su fin más o menos rápido. La influencia de la meteorología, del clima, flora, igualmente de las condiciones impuestas por el apicultor, juega un papel importante en este terreno.

Asimismo la herencia o determinados aspectos de la vida de la colonia puesto que las abejas que pertenecen a una colmena zumbadora o huérfana tienen una duración de vida superior a sus vecinas que forman parte de una familia en buen estado.

El zángano

El macho, o zángano, llamado más comúnmente «abejorro» por los apicultores, es un elemento indispensable para la perpetuación de la especie. No tiene nada de común con los abejorros que cualquiera puede ver al final de la primavera afanándose sobre las flores. Estos últimos, velludos, más o menos gruesos, de variados colores forman parte de la familia de los bómbidos. Son los bombus totalmente extraños a la colmena.

El macho es morfológicamente muy diferente a los otros habitantes de la colmena. Netamente más grueso, tiene una lengua muy corta, los ojos con más numerosas facetas. Su abdomen es velludo en su parte posterior y está desprovisto de dardo. Así como las abejas, su color puede variar en función de la raza.

El zángano nace a partir de un huevo puesto por la reina en una celdilla más grande que las destinadas a la cría de las obreras. A partir del huevo, la larva nace el 4.º día. La larva se desarrolla durante 6 días. La celdilla es operculada el 10.º día y después de diversas transformaciones el insecto perfecto nacerá el vigésimo cuarto día.

Durante su vida larvaria el zángano es alimentado con jalea real durante los tres primeros días, a continuación con una papilla compuesta por miel, polen y agua, como las obreras.

Misión

El zángano está esencialmente destinado a la fecundación de las reinas vírgenes. Su cría en la colmena depende pues de las necesidades naturales de la especie y tiene en cuenta las posibilidades de fecundación de las reinas. Como las jóvenes reinas no pueden ser fecundadas fuera de la primavera la colonia no cría ni conserva prácticamente ningún macho durante el período invernal. (Sin embargo, se nota la presencia de algunos zánganos en ciertas razas, incluso durante el invierno).

La cría de los zánganos es función:

— de la estación;
— de la importancia de los aportes en la colmena.

Además de su utilidad para la fecundación, los zánganos participan en el mantenimiento de la temperatura en la colmena. Algunos creen que ellos ayudan igualmente a la transformación del néctar en miel.

Número

El número de zánganos en la colonia es muy variable. Puede oscilar de unas decenas a varios miles.

El número de los zánganos en la colmena es relativamente importante en relación a las necesidades puesto que una decena como máximo es suficiente para fecundar una reina. El exceso constituye una medida de protección ya que disminuye considerablemente la posibilidad de desaparición de la reina durante su vuelo de fecundación debido al hecho de la presencia de pájaros predadores, el gran número de zánganos presentes constituye entonces una protección por reducción del riesgo.

Vuelos

El zángano efectúa vuelos fuera de la colmena hacia el 7.º día pero no es apto para fecundar una reina sino a partir del decimoquinto día. No sale sino en buen tiempo y con una temperatura por lo menos igual a 13-15 grados según las regiones. No se le encuentra generalmente fuera sino a partir de las 10 horas y hasta las 17 horas.

El zángano tiene un vuelo poderoso y rápido. Está dotado de ojos muy desarrollados y de un sistema olfativo que le permite detectar las reinas a gran distancia.

Puede alejarse hasta 7-9 km de su colmena de origen, incluso más.

El zángano puede introducirse en otras colmenas distintas de la suya sin ser cazado por las guardianes. Durante el período en el cual está considerado como útil en las colonias, es aceptado en todas partes. Su cualidad de macho y ciertamente el olor correspondiente son por consiguiente preponderantes y prevalecen sobre el olor de la colmena.

Destrucción de los zánganos

Cuando las abejas estiman que la presencia de los machos es inútil, proceden a su expulsión de la colmena. Los zánganos no son sacrificados como algunos han escrito sino expulsados. Las obreras los arrastran hacia el exterior e impiden el acceso a los que han salido. Los machos mueren entonces poco tiempo después de frío y de falta de alimento.

Esta supresión de los zánganos es función generalmente de la estación pero puede ser debida a un período de penuria (sequía, mal tiempo). Se efectúa casi simultáneamente por todas las colonias, privando a los pobres rechazados la posibilidad de refugio en alguna otra familia.

La expulsión de los machos indica al apicultor el fin del período fasto de la colmena. Señala esencialmente el final de la época de enjambrazón.

Algunas excepciones entre las colonias que expulsan los machos: las colmenas que tienen a su frente una reina vieja y cuyas obreras consideran la sustitución. Igualmente las colonias anecbálicas (1) que conservan mucho tiempo un pequeño número de zánganos. Y sobre todo las colonias zumbadoras, es decir, aquellas que no tienen reina o tienen a su frente a una reina no fecundada o deficiente.

---

(1) Colonia anecbálica: colonia que renueva su reina desde que esta no cumple muy exactamente su papel. En esta eventualidad, las abejas crían una nueva reina que, después de su vuelo de fecundación ocupa su sitio en la colonia y se puede observar momentáneamente la existencia simultánea de dos reinas en puesta en la colonia.

En este caso la colmena no posee prácticamente más que pollo de machos. Este fenómeno es debido a la partenogénesis.

Principio de la reproducción sexuada

En las abejas la madre o reina pone los huevos que, fecundados o no, dan nacimiento a individuos hembras o machos.

Los huevos fecundados dan nacimiento a las abejas hembras (reinas u obreras). Los huevos no fecundados dan nacimiento a los machos o zánganos.

Partenogénesis

En la reproducción sexuada animal, la hembra produce un óvulo que, para desarrollarse, debe ser fecundado por el espermatozoide emitido por el macho.

El huevo está por consiguiente constituido a partir de un óvulo procedente de la madre que contiene N cromosomas (1) y de un espermatozoide del padre, portador igualmente de N cromosomas en el momento de la fecundación. El huevo que contiene entonces 2 N cromosomas (N procedentes de la madre y N procedentes del padre) puede emprender su evolución si se encuentra en las condiciones de medio y temperatura requeridas.

Generalmente el huevo no fecundado no es evolutivo. El lo es, sin embargo, en ciertos casos particulares de los que forman parte la abeja y el pulgón. Estas especies son «partenogenéticas».

La partenogénesis es la posibilidad que poseen ciertas especies sexuadas, vegetales o animales, de reproducirse a partir de óvulos (reino animal) o de oosferas (reino vegetal) no fecundados.

En el reino animal, la abeja y el pulgón constituyen dos ejemplos de partenogénesis.

La partenogénesis es llamada «arrhenotoca» cuando la descendencia nacida del óvulo no fecundado es de sexo masculino (caso de la abeja). Se la llama «thelytoca» cuando esta descendencia es femenina (caso del pulgón).

(1) N representa el número de cromosomas específicos de la especie en cuestión: 16 en la abeja, 23 en el hombre.

La partenogénesis es un fenómeno importante en apicultura. Es por lo que el apicultor debe conocer los principios y las consecuencias.

Consecuencia de la partenogénesis en la abeja

La hembra tiene un padre y una madre. Sea reina u obrera ella posee por consiguiente la mitad de los caracteres procedentes de su padre y la mitad procedentes de su madre.

El macho no tiene nada más que madre. Todos sus caracteres son heredados de su madre. El zángano habiendo fecundado a ésta no transmite ninguno de sus caracteres a los descendientes machos de la reina. El macho no tiene pues sino una abuelo materno y una abuela. A este respecto él puede heredar los caracteres de sus abuelos en proporciones variables.

Si sus abuelos son asimismo raza pura, la reina de la que ellos son los padres es entonces de raza pura. Los zánganos por nacer de esta reina serán igualmente de raza pura, incluso si esta reina ha sido fecundada por un macho de una raza diferente. Los zánganos hermanos se parecerán, por descendencia homogénea.

Si los abuelos son de razas diferentes los zánganos heredan una parte más o menos importante de la una y de la otra, serán mestizos. Siendo hermanos podrán presentar diferencias sensibles según que ellos hayan sido más o menos influenciados por uno u otro de los ancestros. Ellos serán heterogéneos.

La vida del enjambre

Abandonado el enjambre por sí mismo se desenvuelve perfectamente para vivir. Esto es lo que ha hecho por otra parte desde la noche de los tiempos.

La abeja explotada por el hombre en las colmenas que ha instalado no ha sido domesticada como lo son el perro, el gato o el caballo. Continúa viviendo según sus hábitos y se comporta de forma idéntica a sus hermanas que viven de forma natural fuera de la presencia del hombre.

El enjambre tiene una vida continua a todo lo largo del año. Sin embargo, esta vida se adapta al ritmo de las estaciones y puede descomponerse en dos períodos principales.

Período de actividad

Es el período durante el cual las abejas tienen una vida activa. Se inicia al final del invierno y dura hasta el otoño. Durante este período la colonia emprende la cría de abejas jóvenes, reúne las provisiones necesarias para su vida, se multiplica por enjambrazón.

Período de reposo

Es el período invernal durante el cual las abejas están, en razón de las condiciones atmosféricas exteriores por una parte, y por la ausencia de recursos por otra, obligadas a vivir encerradas en la colmena utilizando las reservas reunidas por ellas durante el buen tiempo. Es el período de «invernada».

Estos períodos son más o menos largos según la latitud o altitud de los lugares, donde viven las abejas. En Canadá, en los países nórdicos, la invernada es más larga y el período de actividad limitado a los meses de verano. En los países tropicales por el contrario, los recursos y la temperatura favorecen una actividad continua; por esta circunstancia no hay prácticamente invernada y las abejas autóctonas tienen tendencia a reducir en gran manera las reservas.

Arranque primaveral

La vida activa del enjambre se reanuda rápidamente al final del invierno.

Incluso antes que las condiciones atmosféricas permitan la salida de las abejas, la reina va a comenzar la puesta. La importancia de la misma, al principio limitada, va a aumentar rápidamente de forma sucesiva con el avance de la estación.

Si abrimos una colmena (en la región parisina y en el centro de Francia) hacia el 15 de febrero encontraremos unos cientos de celdillas provistos de pollo, alojados sobre uno o dos cuadros del centro de la esfera ocupada por el racimo de abejas.

Esta cría está limitada por la obligación de mantener una temperatura aproximada de +37 °C en la parte ocupada por este pollo, cualesquiera que sean las condiciones exteriores de temperatura. La emprenden con el fin de asegurar el nacimiento de abejas jóvenes teniendo una capacidad suficiente de producción de jalea real para alimentar al inicio de su vida las generaciones que van a seguir.

Abejas negras Apis mellifica mellifica

El inicio de esta puesta tiene en cuenta las necesidades impuestas a la colonia en el curso de los meses siguientes. Las abejas conocen, por la región en que ellas habitan, el calendario de las mieladas posibles. Aseguran pues la llegada de una población suficiente para aprovechar los recursos de la naturaleza en el momento donde se presentasen.

La alimentación necesaria para la cría propiamente dicha así como la del racimo para mantener en el interior del nido de pollo la temperatura indispensable debe tomarse de los stocks (miel y polen) acumulados durante la estación activa anterior.

Evolución del desarrollo de la colonia

La colonia va a calcar su desarrollo sobre las condiciones exteriores teniendo en cuenta que le son ofrecidas por la naturaleza. Ella reacciona por consiguiente en función:

— de los conocimientos adquiridos en cuanto a recursos conocidos por ellas en la región donde viven;

— las variaciones aportadas a estos recursos en función de las condiciones del momento.

Esto quiere decir que las abejas saben muy bien lo que ellas tienen que hacer a condición de dejarlas en su medio natural. Los ensayos realizados por los investigadores del INRA han demostrado que las abejas desplazadas conservan sus reflejos de origen, no teniendo en cuenta sus nuevas condiciones locales de vida.

La adaptación de las abejas al medio natural de origen es por consiguiente un hecho cierto. Esto va a permitirlas desarrollar su cría en concordancia con los recursos locales.

Esta cría va a alcanzar su máximo en el momento de las mieladas principales. Se reducirá a continuación para detenerse al fin del verano o en otoño. El número de las abejas va a pasar de 10.000-20.000 al final del invierno a las 60.000-80.000 en el momento de la mielada.

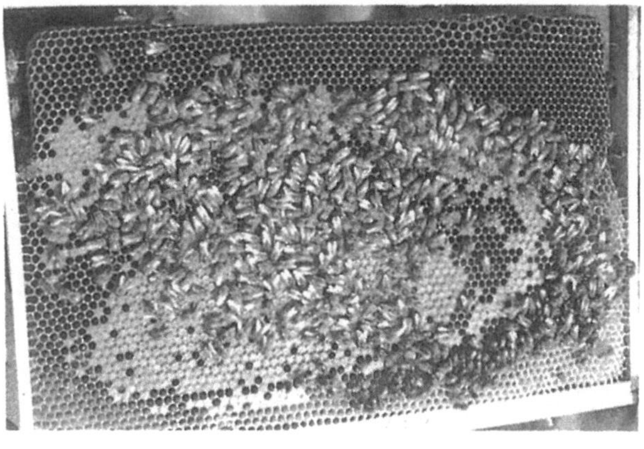

Panal de pollo con abejas

Variaciones en las posibilidades de desarrollo

Una colonia asegura la alimentación y el calor del pollo en la medida de sus capacidades. Un pequeño número de abejas no podrá alimentar y calentar sino una pequeña superficie del pollo. Una gran familia emprenderá de golpe una cría mucho más importante.

Porque esto:

— las colonias fuertes al final del invierno hacen recogidas grandes;

— las colonias débiles al final del invierno no dan prácticamente ninguna recogida.

Las primeras se desarrollan para la mielada y la aprovechan, lo mismo que el apicultor. Las segundas se desarrollan sobre la mielada y alcanzan su pleno desarrollo en el momento en que los recursos disminuyen o desaparecen, sin provecho para su propietario que puede estar obligado a alimentarlas con el fin de asegurar su supervivencia.

III La colmena

Historia

Origen

Bajo una forma rudimentaria, la colmena ha nacido al mismo tiempo que se ha iniciado la explotación de las abejas por el hombre. Con la utilización de troncos de árboles huecos, ha calcado a lo sumo casi las condiciones de vida de las abejas en la naturaleza. Al aumentar las necesidades de los hombres, estos han sido incitados a construir alojamientos más prácticos, más fáciles de realizar, y a utilizar materiales más fáciles de encontrar y de poco coste.

Así han aparecido los cestos conocidos después del período histórico todavía utilizados en algunas regiones del mundo, paralelamente con otros materiales, mimbres, cortezas de corcho, e incluso de alfarería.

El cesto

La colmena rústica se la conoce generalmente bajo el nombre de cesto, pero también recibe otros nombres, según las regiones. Su forma, volumen, materiales de construcción varían igualmente. Las hay hechas con fajos de paja (de centeno generalmente), unidos con la ayuda de diversas ligaduras (corteza de avellano, zarza, bejuco, alambre). Algunas están trenzadas con mimbres y revestidas de arcilla o de yeso, o también con una mezcla de tierra y estiércol de vaca.

En los países con importantes recursos mielíferos, el cesto es grande y alto. Es más pequeño y más bajo en las regiones pobres. No recibe ninguna protección especial cuando está colocado bajo abrigo. Por el contrario, se le cubre con un capuchón de paja si se le instala al aire libre *(fotografía 3)*.

Los cestos más antiguos sólo tenían un cuerpo de forma ojival. En el siglo XVIII aparecieron los cestos con

Colmenas rústicas utilizadas antiguamente

casquete, de forma cilíndrica. La parte superior tenía en el centro un agujero que daba acceso al casquete, especie de alza hemiesférica colocada sobre el cesto en el momento de la mielada. Los panales de miel del casquete eran recogidos sin perjudicar a la colonia alojada en el cesto, contrariamente a lo que se realizaba antes por el método del sofoco.

Efectivamente, la más antigua manera de recoger la miel de los cestos consistía en matar por asfixia los habitantes de los más pesados y a coger los panales que contenía. Más tarde, se limita a la toma en otoño o en primavera de los panales de miel situados en el borde.

Después con la aparición de las colmenas de cuadros, algunos cestos fueron modificados por la adición a la parte superior de una plancha agujereada sobre la cual se colocaba un alza de cuadros móviles en el momento de la mielada.

Entre tanto aparecieron las colmenas de madera, especie de cajas de formas y aspectos diferentes haciendo funciones de cestos más resistentes y duraderos, pero más costosos.

La cría de abejas en cestos o cajas conteniendo los panales construidos al gusto de las abejas y fijados directamente por sus trabajos a las paredes, constituye el método llamado «*fijista*». Con el fijismo, el apicultor está prácticamente imposibilitado de ver lo que sucede en la colmena y de controlar el estado del nido de pollo.

Del fijismo al movilismo

La aparición de la colmena con cuadros móviles ha dado nacimiento al método llamado «*movilista*» en el cual los panales, fijados en los cuadros de madera amovibles, pueden manejarse, sacados de la colmena y colocados después en su sitio a voluntad.

Las colonias de cuadros móviles han permitido observar la vida en el interior del racimo, el desarrollo de la colonia, la evolución del pollo, el trabajo de las abejas, sin producir alteración en la organización de la colonia.

El movilismo es el origen de la apicultura moderna.

Principales sistemas de colmenas de cuadros

Entre las colmenas de cuadros móviles, es necesario considerar dos categorías principales:

Colmena de ampliación horizontal

Es una colmena muy amplia que contiene un gran número de cuadros, variable según los modelos. Las abejas ocupan una parte más o menos importante, en función del desarrollo de la colonia; las provisiones (recogidas para el apicultor) se encuentran sobre los costados y la miel puede recuperarse por consiguiente sin perturbar la población. En esta colmena, todos los cuadros son idénticos.

El modelo de colmena horizontal más conocido fue concebido por G. de LAYENS en el siglo pasado. La colmena que él proponía lleva generalmente 24 cuadros más altos que largos.

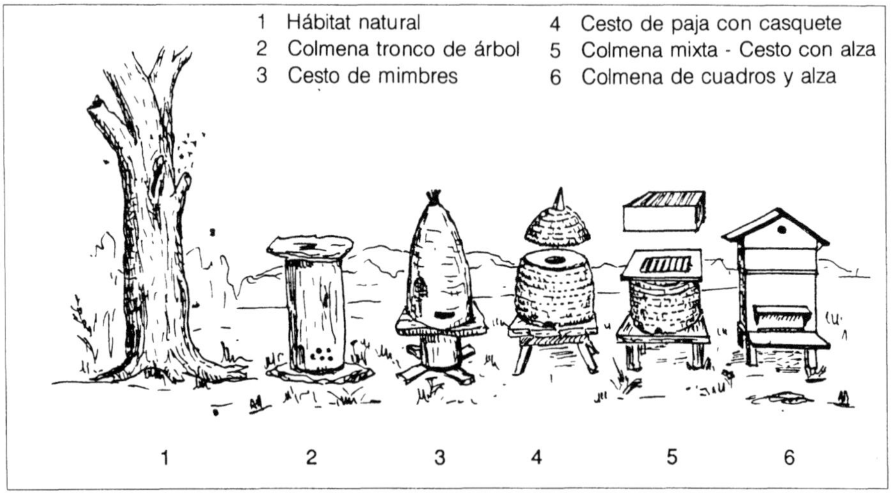

Evolución de la colmena

En la colmena de ampliación horizontal, la plaza atribuida en el conjunto *«alojamiento del enjambre-recogida»* es fija y no puede exceder el volumen interior definido en el momento de la construcción.

Colmena de ampliación vertical

En esta categoría, prácticamente generalizada, se clasifican todas las colmenas de volumen variable, que puedan ser ampliadas por superposición de elementos suplementarios. Se subdivide en dos:

— las colmenas que tienen un cuerpo con grandes cuadros para alojamiento del enjambre, al cual se añaden elementos de alzas destinadas a recibir la recogida y cuyos cuadros son de dimensiones más reducidas; su altura es generalmente igual a la mitad de la de los cuadros del cuerpo de la colmena.

— las colmenas en las que todos los elementos superponibles están provistos de cuadros idénticos. Son llamadas «**divisibles**». En este tipo de colmenas, todos los elementos son intercambiables.

Caso particular

Los apicultores de algunos países de clima continental con inviernos rigurosos han adaptado la colmena

Tipo de colmena 1
(L'Apiculture moderne, Larousse, 1903)

de cuadros móviles a su región. Las colonias agrupadas en los pabellones son alojadas en casilleros superpuestos. Las manipulaciones se hacen por la apertura del panel trasero.

Principales tipos de colmenas

Se distinguen tres familias principales de colmenas diferenciadas esencialmente por la forma y dimensiones de los cuadros:

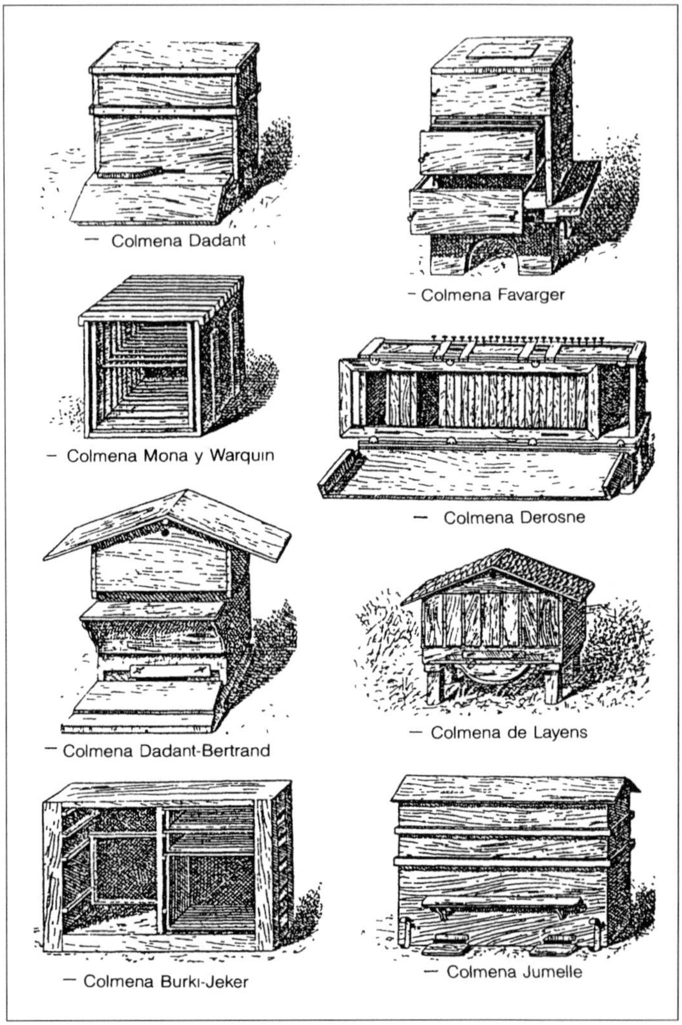

Tipo de colmena 2
(L'Apiculture moderne, Larousse, 1903)

Colmenas de cuadros altos

En esta categoría, los cuadros del cuerpo de la colmena son más altos que largos. El modelo más conocido ha sido ideado por G. de LAYENS para equipar una colmena horizontal, pero existe una variante con alzas que utilizan los mismos cuadros.

Colmenas de cuadros cuadrados

La más corriente es la realizada por el abate VOIRNOT hacia finales del siglo pasado.

Colmenas de cuadros bajos

Los cuadros contenidos en el cuerpo de la colmena son más largos que altos. La colmena de este tipo más extendida es la colmena DADANT.

A estas tres familias se añaden diversos tipos de colmenas que llevan cuadros de variadas formas:

— la colmena *Automatic* está equipada con cuadros trapezoidales, estando situado el lado mayor del trapecio en su parte superior;

— la colmena *Tonelli* es de cuadro ojival, con la punta de la ojiva vuelta hacia abajo.

Las alzas de las colmenas de cuadros rectangulares están equipadas de semicuadros, es decir, que la altura de estos semicuadros corresponde a la mitad de la de un cuadro del cuerpo de la colmena.

Las colmenas de cuadros trapezoidales u ojivales están acompañadas de alzas de cuadros rectangulares.

Las colmenas divisibles están equipadas de cuadros bajos.

Existen numerosos, incluso innumerables modelos de otras colmenas además de las citadas anteriormente. Generalmente difieren por una variación en la dimensión de los cuadros o presentan algunas astucias pero no aportan generalmente nada importante a los modelos conocidos.

Estandarización

En principio, las dimensiones de los principales modelos de colmenas han sido estandarizadas y algunas son objeto de normas oficiales, pero queda por hacer un gran trabajo para que la intercambiabilidad total de los elementos de un mismo tipo de colmena pueda efectuarse.

Ventajas e inconvenientes

Cada modelo de colmena tiene sus ventajas, pero presenta igualmente algunos inconvenientes.

La colmena horizontal género *de Layens,* es de una explotación fácil, no necesitando sino intervenciones limitadas. Si la colonia puede desarrollar su cría tanto como ella lo desee, el emplazamiento reservado a la recogida está definido por el volumen total de la colmena.

Se trata de una colmena pesada y embarazosa, casi intransportable.

La altura de los cuadros hace difíciles las manipulaciones y aumenta el riesgo de aplastamiento de las abejas. Además, la menor deformación hace variar la separación entre la madera del cuadro y la pared de la colmena, lo que ocasiona la propolización de los intervalos reducidos y hace la retirada de los cuadros especialmente laboriosa con peligro de provocar el ataque de las abejas.

La colmena vertical permite la ampliación por adición de alzas tanto como sea necesario, a condición de tener en reserva el material a añadir.

Las colmenas «Automatic» y «Tonelli» no tienen piso. Su concepción permite la evacuación de los desechos y aguas de condensación, pero presentan una superficie de panales relativamente reducida en el cuerpo de la colmena, lo que incita a la reina a extender su puesta en el alza.

En período de invernada: Las colonias se comportan mejor en las colmenas altas que les permiten almacenar las reservas suficientes por encima del racimo invernante, como lo hacen generalmente cuando están abandonadas a sí misma en la naturaleza.

Por tener en cuenta este dato, se puede decir que algunas colmenas están mejor adaptadas que otras según las regiones.

En Francia, tres modelos de colmenas son los más utilizados:

— la colmena *Voirnot,* implantada sobretodo en el noroeste del país, de clima más frío y de recursos menos importantes;

— la colmena *Dadant,* utilizada en la mayor parte del país;

— la colmena *Langstroth.* Es utilizada principalmente en las regiones de clima más cálido, Provenza, Aquitania. Es la colmena conveniente para inviernos cortos y poco rigurosos, ya que el apicultor tiene tendencia a recuperar la miel sobre todos los cuadros puesto que ellos son idénticos, no dejando a las abejas reservas limitadas. Necesita una mayor vigilancia.

El aficionado tiene interés en utilizar el modelo de colmena más utilizado en su región, lo que permite, en principio poblar su colmenar a partir de colmenitas fáciles de encontrar en el mercado cuando él debuta, además de revender con más facilidad su material en caso de abandonar la explotación.

Es necesario recordar que no hay colmena perfecta. Son las abejas quienes hacen la miel, y no la colmena; lo esencial es saberlas conducir.

Variaciones

Las colmenas de un modelo definido pueden sufrir algunas modificaciones que recaen sobre:

Tamaño: El número de los cuadros del cuerpo de la colmena es diferente de un modelo a otro. Puede variar pero es generalmente de doce o de diez.

Presentación: La apariencia externa es diferente. Tabla de vuelo más o menos grande o inexistente. Tejadillo por encima del agujero de vuelo. Techo que puede ser plano (trashumancia) o de doble pendiente (techo chalet y más o menos sobresaliente).

Estas modificaciones del aspecto externo no cambian en nada las distribuciones interiores.

Algunos consejos para la construcción

Materiales de construcción

Las colmenas están generalmente construidas con madera.

Las maderas empleadas con mayor frecuencia son las resinosas: pino, abeto. Se utiliza más raramente el álamo que se comporta peor.

Las tablas utilizadas deben estar muy secas para evitar deformaciones que disminuyen entonces algunas dimensiones y pueden entorpecer la buena utilización.

El espesor de las tablas empleadas es de 24 milímetros generalmente.

Las maderas duras, especialmente el roble, deben excluirse (pesadas y frías).

Después de algunos años aparecen nuevos materiales, plástico principalmente. Si presentan ciertas ventajas, también tienen inconvenientes: precio, fragilidad, envejecimiento prematuro.

Protección de la madera de las colmenas

La madera de las colmenas necesita una buena protección con el fin de asegurar la duración.

Los productos más empleados son los siguientes:

— pintura al aceite u otra;

— creosota.

Para asegurar una buena protección de la madera, algunos sumergen las colmenas en un baño de aceite de lino hirviendo, o de cera microcristalina en fusión (ceresina).

Atención: Toda protección de las maderas con la ayuda de productos que tengan un insecticida, hay que excluirla totalmente ya que los vapores desprendidos incluso después de un largo período, matan a las abejas.

Si la protección de la madera de los cuerpos de la colmena es indispensable, la de la madera que forman los cuadros es inútil.

Techos

La perfecta estanqueidad de los techos es indispensable. Puede asegurarse por una cubierta de metal (chapa galvanizada, aluminio) o con tela o cartón embreado (menos duradera). Siendo la humedad uno de los principales enemigos de la colmena, todo techo no impermeable será inmediatamente reparado o sustituido.

Cobertura de los cuadros

La parte superior de la colmena debe estar cerrada. Puede serlo por medio de tablitas de recubrimiento, o también con un lienzo o un trozo de alfombra.

Colmena «Dadant» de 10 cuadros, material moderno estandarizado

Algunas colmenas están equipadas con una sencilla bandeja hecha de una sola pieza, o de una bandeja de alimentación que sirve para recibir el jarabe de azúcar cuando las abejas tienen necesidad de ser alimentadas.

La alfombra descansa directamente sobre la parte superior de los travesaños de los cuadros. En el caso de empleo de tablillas de recubrimiento o de bandeja superior debe prepararse un paso de por lo menos 6 milímetros entre los cuadros y esta bandeja, a falta del mismo las abejas sueldan la bandeja a los cuadros con propóleo, lo que hace difícil la apertura.

Piso

La colmena descansa sobre un piso. Este piso es en principio amovible de manera que pueda retirarse con vistas a la limpieza, operación que debe hacerse periódicamente.

Algunas bandejas presentan una apertura enrejada. Esta apertura puede ser más o menos grande. El tamiz que la cierra ha de ser sólido y tener mallas lo suficientemente estrechas para impedir el paso de las abejas.

Puede disponerse un cierre de cremallera con el fin de deslizarlo, llegado el caso, una contraventana que impide la aireación por temperatura demasiado baja o durante los tratamientos fumígenos.

Los pisos enrejados permiten una excelente aireación de la colmena.

Agujero de vuelo

El agujero de vuelo es la apertura practicada en la colmena para dejar paso a las abejas.

Generalmente está hecho en la parte baja del cuerpo de la colmena, dejando por delante una apertura al nivel del piso. Esta apertura es más o menos larga, que puede llegar a ocupar todo el bajo de la cara delantera de la colmena.

El algunos modelos, es el piso el que lleva el agujero de vuelo.

Algunos han preconizado un agujero de vuelo situado en lo alto de los cuadros. Las ventajas señaladas por estos innovadores no parecen evidentes.

El agujero de vuelo debe permitir el paso de las abejas y prohibir la entrada de los distintos intrusos, especialmente roedores. Esta protección se consigue, bien por limitar la altura del paso a 8 milímetros como máximo, o bien situando delante de la entrada una cortina de chapa dentada. Esta cortina puede estar combinada con correderas que permitan el cierre más o menos importante de la entrada.

Orientación de los cuadros en la colmena

En el interior de la colmena, los cuadros pueden estar colocados:

— *perpendicularmente* al agujero de vuelo. La colmena así organizada se la llama «de construcciones frías» porque el viento que pasa por el agujero de vuelo puede llegar libremente entre los panales;

— *paralelamente* al agujero de vuelo. En este caso, la organización se la llama «construcciones cálidas» ya que el viento debe pasar bajo los cuadros para circular entre los panales.

La orientación de los cuadros en relación al agujero de vuelo tiene en cuenta el clima. En país frío, las colmenas son con mayor frecuencia de construcción cálida, mientras que en los países más templados son de construcción fría.

Aislamiento

Desde siempre, se ha preconizado una buena protección de las abejas contra el frío. En efecto, el racimo en reposo invernal debe mantener en su interior una temperatura mínima alrededor de 25 °C cuando no hay cría en marcha. Para mantener esta temperatura, las abejas deben consumir la miel que tienen en reserva: limitar las pérdidas de calor disminuye por consiguiente este consumo.

El aislamiento constituye por consiguiente un medio de protección contra el frío. Por esta circunstancia, algunas colmenas se construyen con doble pared.

El aislamiento no atañe únicamente al frío, interesa igualmente la protección contra las altas temperaturas. Los colmenares expuestos al pleno sol del verano tienen dificultad para evitar una subida demasiado importante de la temperatura en el interior de su habitáculo: un exceso de temperatura puede causar la muerte del pollo y provocar el hundimiento de los panales cuando la cera se hace demasiado maleable.

El cuadro

El cuadro es el elemento móvil que permite la manipulación fácil de los panales en la colmena. Generalmente está compuesto por cuatro tablitas de madera unidas por ensamblaje, encolado, clavado, grapado. Estas diferentes técnicas pueden utilizarse solas o simultáneamente.

El cuadro debe ser lo suficientemente sólido para resistir a todas las manipulaciones de las que será objeto. Con este fin, se construye con madera sana, de corte recto, sin nudos.

El travesaño superior es la parte más solicitada. Debe ser medida en consecuencia. Mide alrededor de 24 milímetros de ancho por 20 de grosor.

Los postes miden igualmente 24 milímetros de ancho y 8 de grosor.

El travesaño inferior varía según que se trate de grandes cuadros o de cuadro de alza. En el primer caso,

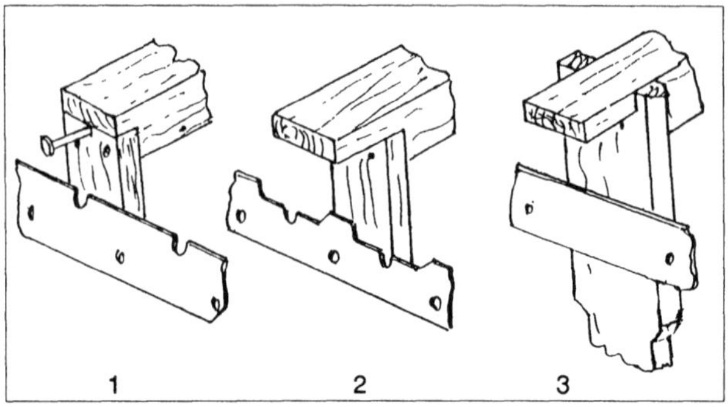

Principales sistemas de suspensión y separación de los cuadros
1 — cuadro con suspensión por clavos
2 — cuadro con talón
3 — cuadro «Hofmann»
Los dos primeros necesitan cremalleras de soporte que permiten una separación regular, lo que no es el caso del tercero, pero este último puede ser propolizado más fácilmente por las abejas

está constituido por un sencillo listón. En el segundo, es de la anchura de los postes.

Suspensión de los cuadros en la colmena

Cuando se colocan en la colmena, los cuadros están suspendidos verticalmente.

Los sistemas de suspensión son diversos. Los más empleados son:

— suspensión por clavos situados en las extremidades del travesaño superior y descanso sobre una cremallera;

— suspensión con ayuda de talones que prolongan el travesaño superior.

El sistema HOFMANN añade a este modelo los sobrelargos en la parte superior de los postes con el fin de ordenar automáticamente la separación.

La separación de los panales construidos de forma natural por las abejas se sitúa entre los 36 y 37 mm. Esta distancia ha sido ligeramente aumentada por los constructores de colmenas que las han llevado a 37,5 mm.

Para facilitar el mantenimiento de esta distancia, los constructores utilizan:

— la cremallera de cortes con distancia fija en el caso de suspensión por clavos;

— la cremallera tallada con alojamientos de los extremos de los cuadros con talones.

La mayoría de las cremalleras vendidas en el comercio están ideadas para recibir indiferentemente uno u otro tipo de suspensión.

Algunos cuadros están concebidos para colocarlos a la distancia deseada, bien con la ayuda de taquitos de metal clavados sobre los costados de los cuadros, bien a causa de la conformación de los largueros de estos cuadros. Su parte superior es entonces más larga, con un borde biselado para limitar los efectos de la propolización.

Montaje de cera estampada

Con el fin de guiar el trabajo de las abejas y obtener panales perfectamente planos que faciliten las manipulaciones, el apicultor guarnece los cuadros de sus colmenas con hojas de cera estampada.

Cada hoja se fija en el interior del cuadro, en su parte superior en una acanaladura practicada en el travesaño en suspensión. Esta acanaladura tiene 3-4 milímetros de anchura y una profundidad sensiblemente igual. La parte superior de la hoja se desliza por esta ranura, lo que impide toda deformación.

Esta fijación puede reforzarse al soldar la hoja al travesaño con ayuda de cera fundida contenida en una bureta especialmente ideada para este trabajo. Algunos se limitan a la fijación por soldadura de la hoja de cera sobre el travesaño sin previa ranura.

Cuadros preparados para recibir la cera estampada

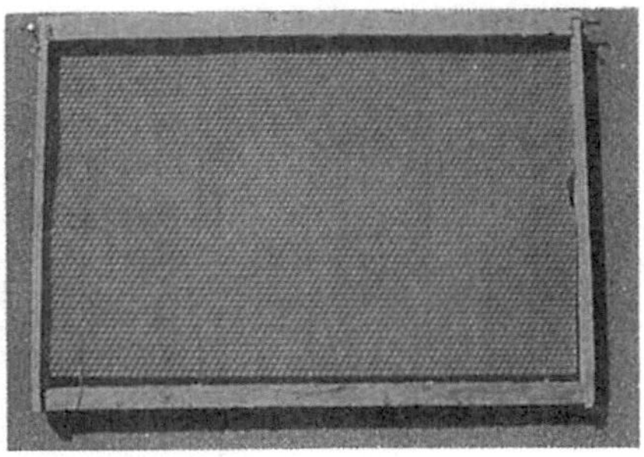

Cuadro provisto dispuesto para ser colocado

Colmenas utilizadas en Francia - Características

	Tipos de colmenas	Cuadro cuerpo Dimensiones en obras	Super-ficie	Celdillas por panal	Miel en kg por panal (sin pollo)	Cuadro alza Dimensiones en obras	Miel en kg por panal	Dimensiones Cuerpo (costados interiores)	Dimensiones Alza (costados interiores)	Observaciones
Cuadros altos	Colmena Bastian (Alsacia) 12 c.	300 x 220	660	5280	2,310	300 x 220	2,310	444x252 H=350	444x252 H=337	(1) Construcción cálida Región Alsacia-Lorena
	Colmena Jehlen-Früch (Alsacia)	300 x 240	720	5760	2,520					
	Colmena Jung (Alsacia)	300 x 180	540	4320	1,890					
	Colmena Layens (Horiz.) 20 cua.	310 x 370	1147	9176	4,115	-	-	740x342 H=420	-	(1)
	Colmena Layens modernizada 9 c.	310 x 370	1147	9176	4,115	310 x 175	1,900	333x342 H=420	333x342 H=208	(1)
Cuadros cuadrados	Colmena Sagot (13 cuadros)	300 x 300	900	7200	3,150	Granero 10 cuadros L=350 x H=185	2,250	470x450 H=320	Granero 350x470 H=190	Granero triangular (2)
						330 x 110	1,200		362x370 H=144	(1) Regiones
	Colmena Voirnot (10 cuadros)	330 x 330	1089	8690	3,750	330 x 165	1,800	362x370 H=380	362x370 H=198	(1) Este & Norte
	Colmena Voirnot Congrés (10 c.)	350 x 350	1225	9800	4,288	350 x 175	2,140	382x370 H=400	382x370 H=208	
Cuadros bajos	Colmena Dadant-Blatt (12 cuad.)	420 x 270	1134	9072	3,969	420 x 135	1,980	450x450 H=320	450x450 H=170	Norma NFU. 82.101 Marzo 1950
	Colmena Dadant Congrés (11 c.)	400 x 300	1200	9600	4,200	400 x 150	2,100	430x410 H=350	430x410 H=185	(1)
	Colmena Langstroth Standard 10 c.	430 x 203	873	6984	3,055	10c 430x203	3,055	462x370 H=253	462x370 H=240	(1) Pastoral
	Colmena Langstroth (10 cuadros)	420 x 200	840	6720	2,940	420 x 200	2,940	452x370 H=250	462x370 H=237	(1) Regiones S-O & S-E
	Colmena Bretavamm 10 cuadros	408 x 222	905,7	7225	3,200	10-12c.408x222	3,200	435x365 H=300	435x365 H=260	(1) Pastoral
	Colmena Bretavamm 12 cuadros	Esta colmena tiene una parte «vacía» que facilita la ventilación (1) por lo que la longitud total es = 600 para el cuerpo solamente						435x425 H=300	435x425 H=260	(3)
Diversos	Colmena Warré (9 cuadros, 3 cuerpos divisibles)	300 x 200	600	4800	2,100	-	-	333x332 H=242	-	
	Colmena Tonelli modificada (11 cuadros)	L:430 H=340 r 380	916	7328	3,200	Alza Dadant Blatt 10 cuadros	1,980	Altura parte centrada 418x450 H=340	418x450 H=170	Tonelli (Brescia) Región Sur-Este
	Colmena «Automatic» (10 cuad.)	(4)	1200	9600	4,200	420 x 135 400 x 150	2,100	-	430x410 H=185	Hausse Dadant
	Colmena Charentesa	300 x 335	1005	8040	3,500	300 x 135 (11 cuadros)	1,410	367x444 H=350	367x444 H=169	(1) Charente y Poitou

NOTA: *Las cifras que figuran en este cuadro se expresan en mm (hojas 1 & 2) - Para la confección de estos diferentes tipos de colmenas, el espesor de las tablas es de 24 a 27 mm. Madera blanca, primero abeto (1). En aplicación de la norma NF U82.101 (hoja 2) RM 15.8.62 (2) Inventor: Abate Sagot, párroco de Saint-Ouen l'Aumone (S & O) (3) Los 45 mm: diferencia entre el cuerpo & la altura total del cuadro, se utilizará para deslizar un alimentador plano con flotador (complemento de provisiones) (4) Cuadros trapezoidales con superficie casi equivalente a las de los cuadros Dadant Congrés.*

Las hojas de cera se colocan igualmente con la ayuda de alambres de acero, que se incorporan con estas hojas de cera. Esta precaución se hace necesaria para evitar el hundimiento de los panales durante las manipulaciones. En efecto, los cuadros llenos de miel o con pollo son muy pesados. Cuando se retiran de la colmena, son relativamente maleables, estando la cera templada. La presencia de alambres de acero en el alma del panal impide todo deterioro si el montaje ha sido realizado correctamente. Esta armadura es indispensable igualmente para evitar la ruptura de los paneles durante los trabajos de extracción de la miel.

El alambre de acero está protegido contra la oxidación por baño de estaño o galvanización. Algunos emplean un alambre de acero inoxidable, más costoso pero más duradero.

El alambre de acero puede fijarse por grapas u horquillas colocadas en la madera de los cuadros con ayuda de un pequeño aparato, la grapadora, en los sitios y según las distancias deseadas por el apicultor. Igualmente puede pasarse el alambre por los agujeros practicados en la madera de los cuadros.

Reserva de cuadros preparados para su utilización

Panal construido: celdillas de obreras y celdillas más grandes para la cría de machos

Este alambre es incrustado en la cera. Esta operación se realiza con la ayuda de una ruedecilla con muescas llamada «espuela» por motivo de su forma. Se la calienta ligeramente para permitir un reblandecimiento local de la cera que, al enfriarse, aprisiona el alambre colocado en su sitio por la ruedecilla.

Este resultado puede obtenerse igualmente al calentar el alambre de la armadura con ayuda de una corriente eléctrica de algunos voltios. El alambre calentado se incrusta por sí mismo en la hoja de cera colocada de plano bajo el cuadro a estampar.

IV | El colmenar

Tipos de colmenar

Si la colmena es el alojamiento de la familia «abejas», el colmenar está constituido por el conjunto de colmenas reunidas por un apicultor en un lugar determinado.

El colmenar puede no tener más que dos, tres, cinco colmenas. Puede reunir varias decenas. Se han visto colmenares de varias centenas de colmenas.

El colmenar al aire libre reune las colmenas autoprotegidas contra las intemperies, es decir, que cada una puede de forma autónoma estacionar en el exterior sin que los ocupantes hayan de sufrir por esta situación.

El colmenar cubierto generalmente está constituido por un abrigo del que un costado está cubierto, las colmenas están protegidas por un techo común y las paredes las protegen del viento.

El colmenar chalet es un conjunto en el que las colmenas, situadas en el interior de la construcción, están totalmente protegidas. Las abejas acceden al exterior por agujeros en las paredes. Para algunos tipos de chalets las colmenas constituyen la pared misma.

Colmenares fijos y colmenares trashumantes

Se llama «colmenar fijo» a un colmenar en el que las colmenas explotadas nunca son desplazadas fuera del lugar de estacionamiento. Inversamente, algunos colmenares son desplazados periódicamente en función de la estación y las floraciones. Estos son los colmenares trashumantes.

Las abejas del colmenar fijo deben vivir utilizando únicamente los recursos melíferos situados en las proximidades del entorno.

En el colmenar trashumante, las abejas son llevadas sucesivamente a las proximidades de los recursos melíferos importantes.

Los colmenares trashumantes están obligatoriamente equipados con material que permita un fácil manejo.

Se ha visto, particularmente en Europa Central, los colmenares trashumantes construidos como los colmenares chalets montados sobre ruedas, que permiten a sus propietarios remolcarlos hacia emplazamientos favorables para la recogida.

El colmenar fijo es característico de la pequeña explotación.

El colmenar de trashumancia constituye la base de numerosas explotaciones importantes.

Implantación en Francia de los colmenares

La instalación de un colmenar está sometida a determinadas reglamentaciones referentes a las distancias y formalidades administrativas *(ver capítulo XI «Derecho-Legislación»).*

Tipo de colmena a utilizar

Cada modelo de colmena tiene ventajas e inconvenientes. Los modelos fabricados son muy numerosos, pero

Pequeño colmenar instalado en un calvero

ninguno es perfecto. Además de la creación del colmenar, el apicultor debe escoger un modelo de colmena y no utilizar sino ese modelo. La estandarización del material contribuye a la rentabilidad de explotación.

Instalación de un colmenar

La instalación de un colmenar necesita un estudio previo más o menos profundo según el número de colmenas a colocar.

Es bien evidente que, si se trata de disponer dos o tres colonias en un jardín o en un cercado, las precauciones a tomar se limitarán a las que conciernen a la vecindad. En efecto, una, dos tres colmenas encuentran siempre conque subsistir y recoger, incluso en un sector relativamente poco melífero, las abejas saben detectar los recursos que habrán pasado desapercibidos para el apicultor. Sin embargo, es necesario verificar que la vecindad próxima no resguarda colmenas en número importante *(ver fotografías 4, 5)*.

Situación del colmenar

La situación del colmenar deberá tener en cuenta:

Vecindad

Es este un punto esencial. La reglamentación en vigor define las condiciones de implantación de los colmenares. No tiene en cuenta algunos inconvenientes que pueden ocasionar las abejas, especialmente por las manipulaciones más o menos desafortunadas o inoportunas por parte del apicultor. La legislación data de una época en que la urbanización era muy limitada y las abejas conocidas por todos. Habiendo evolucionado las cosas, la legislación es favorable a los propietarios de abejas. Estos deben por consiguiente hacer todo lo posible para que esta reglamentación actual no sea modificada en su perjuicio.

El propietario de un colmenar deberá reconsiderar la implantación de este si averigua que las abejas causan una molestia real a los vecinos directos, incluso si las reglas legales se respetan. El procedimiento no ha ordenado nunca nada y el regalo anual de un tarro de miel al vecino le hace si no quererlo, por lo menos tolerar su presencia.

De la flora

Desde que el número de colmenas alcanza o excede de cinco, su propietario debe asegurarse que la flora del entorno puede proporcionar el que satisfaga las necesidades de libazón de las abejas. Los recursos tanto en néctar como en polen, deben ser suficientes. Las abejas tienen necesidad de polen tanto como dure la cría de pollo. Su ausencia puede ser motivo de detención de la cría.

Las abejas

Una rápida encuesta debe permitir conocer la importancia por lo menos aproximada del número de colmenas que viven en el sector, ya que una zona que parezca *a priori* favorable y suficiente para diez colmenas, resulta impropia para el doble, y todavía menos para el triple, y porque un apicultor consiga buenas recogidas en un sector con diez colmenas no puede otro colocar veinte a su lado. Es entonces verosímil que ninguna de las treinta podrá hacer una recogida válida si la flora del entorno es pobre.

Orientación de las colmenas

Las colmenas deben tener su entrada orientada en el sentido opuesto a los vientos dominantes. Esto es una regla general que, sin embargo, puede adaptarse a las circunstancias, particularmente en los lugares muy protegidos por árboles, setos o muros. En efecto, esta orientación se preconiza para proteger las abejas del mal tiempo. En el centro de Francia, los vientos que vienen del oeste y del norte traen lluvias y chubascos. El piso de vuelo colocado en sentido opuesto estará menos expuesto.

Posicionamiento de las colmenas en el colmenar

Las colmenas estarán lo suficientemente separadas unas de otras para evitar la deriva (1). Se tomaran di-

(1) Deriva: error de colocación de las abejas que entran en una colmena distinta de la suya.

versas disposiciones para que las abejas puedan encontrar su colmena de origen: señales naturales como postes, arbustos o en su defecto, pinturas.

Colmenas pastorales de una gran explotación

Colmenar instalado en un pabellón especialmente ideado para este fin

Soportes de las colmenas

Las colmenas se colocarán sobre soportes sólidos suficientemente altos para que el espacio que las separa del suelo, permita la libre circulación del aire. Una colmena situada sobre la hierba, o peor aún, colocada en el mismo suelo, tendrá un piso húmedo. Ahora bien, las abejas temen tanto la humedad como el frío. Además, esta humedad es causa del deterioro rápido del material.

La altura de los soportes deben permitir al apicultor trabajar en sus colmenas sin tener que inclinarse *(ver fotografía 5).*

Iluminación. Ventilación del colmenar

El emplazamiento del colmenar debe estar bien despejado. Una buena iluminación es necesaria para la salida matinal de las abejas para la recogida. Un colmenar situado bajo una umbría es frío y húmedo. Las abejas allí son menos activas. Una ligera enramada es deseable para evitar la exposición al sol demasiado fuerte en el momento de la canícula. Por ello, el colmenar cubierto es perfecto ya que pone las colmenas al abrigo de las inclemencias del tiempo y del sol permitiendo a la vez una buena salida en la línea de vuelo.

Protección contra los intrusos

Para vivir en buenas condiciones, las abejas tienen necesidad de tranquilidad. Las colmenas por consiguiente han de estar protegidas contra los intrusos, tales como animales de caza mayor e importunos (niños tirando piedras o que empujan las colmenas, por ejemplo). Un cercado puede resultar útil en algunos casos.

Abrevadero

Las abejas encuentran generalmente en la naturaleza el agua que necesitan, pero si no existe ningún punto de agua limpia en las inmediaciones directas, debe instalarse un abrevadero y proveer de agua de forma constante en período de verano.

El abrevadero es muy útil en zona urbanizada, ya que puede evitar disgustos de vecindad. En tiempo cálido y seco, las abejas buscan puntos de agua limpia. Ellas se aventuran por consiguiente a invadir, estanques y piscinas y provocar las reacciones hostiles por parte de los propietarios (quejas con posibles consecuencias muy desfavorables para los apicultores).

El abrevadero debe estar alimentado constantemente. Se colocará en un lugar soleado. Las abejas no deben poder ahogarse allí. Un pequeño estanque con arena húmeda o un gran recipiente con flotadores muy ajustados: igualmente un grifo que distribuya el agua gota a gota sobre un plano ligeramente inclinado.

Material del colmenar

La correcta explotación de un colmenar necesita un material mínimo. Para que la visita de las colmenas pueda efectuarse en buenas condiciones, el apicultor debe poder beneficiarse de un mínimo de protección contra los posibles ataques de las abejas. Para ello debe disponer de útiles indispensables para hacer fácil esa visita.

Protección

Un velo de protección de la cara es indispensable.

Este velo está generalmente fijo a un sombrero. Debe ser negro, por lo menos en su parte delantera, con el fin de permitir una buena visión. En efecto los velos blancos o de color hacen la visión más difícil.

El velo no debe dejar la posibilidad de pasar a las abejas, bien entre el sombrero y el velo, bien entre este último y las ropas. Su concepción debe impedirle que quede en contacto con la piel, ya que entonces no defiende.

Existen conjuntos que comprenden las ropas y el velo. Este sistema tiene ventajas e inconvenientes. La protección generalmente es buena, pero este conjunto da calor y debe permanecer colocado constantemente.

La vestimenta debe no permitir a las abejas alcanzar el cuerpo. Ha de ser ajustada a nivel de las muñecas de la mano y de las espinilleras del pantalón.

El blanco y los colores claros se aconsejan en la vestimenta ya que el marrón y especialmente el negro atraen los atacantes. Los tejidos de la vestimenta deben ser si es posible de lienzo. Evitar la lana, que excita a las abejas y las incita a picar.

Las manos pueden estar protegidas para las personas que temen las picaduras, pero es necesario usar entonces guantes muy flexibles. En efecto, las manipulaciones necesitan una buena libertad de los dedos. En el curso de la operación, las manos pueden ensuciarse con miel o propóleo. Es necesario poder limpiarlas fácilmente, lo que es menos sencillo con los guantes.

Utillaje

Ahumador, útil indispensable para repeler las abejas. El ahumador debe ser sólido, en buen estado de funcionamiento y alimentado convenientemente. Existen diferentes modelos *(fotografía 6).*

Levanta cuadros

Es un utensilio igualmente indispensable. Los hay de todos los modelos. Algunos ofrecen numerosas posibilidades: raspaduras, palanca, pinzas, etc. Los más complicados son los menos prácticos. Se puede también utilizar un buen destornillador o un cuchillo tipo puñal.

El levanta cuadros debe ser muy resistente. Es útil pintarlo de un color muy visible ya que puede extraviarse en la hierba y así recuperarlo fácilmente.

Brocha

Sirve para desprender las abejas colocadas sobre los cuadros.

Debe utilizarse lo menos posible ya que el cepillado enerva las abejas que no gustan apenas su contacto. Se envisca fácilmente si los cuadros contienen miel no operculada. Por consiguiente debe emplearse con precaución.

La brocha debe tener pelo muy largo, muy flexible, poco tupido.

A estos útiles indispensables, es preciso añadir:

Agua

El agua debe acompañar siempre al apicultor en sus visitas al colmenar, ya que tiene necesidad de agua para limpiar su material ensuciado por la miel. Se sabe que el olor de la miel excita a las abejas y las estimula al pillaje. El agua es por consiguiente indispensable para mantener el material limpio. Una esponja es útil para limpiar los restos de miel sobre el material manejado.

En las regiones con árboles resinosos, una reserva de agua es obligatoria en el colmenar con el fin de poder apagar todo principio de incendio que pudiera provocar el empleo del ahumador.

Pequeño material

Si el ahumador, el levanta cuadros y la brocha constituyen lo esencial de la panoplia del apicultor, diversos útiles pueden resultar necesarios para el colmenar para hacer intervenciones urgentes. Entre estos tenemos:

— un martillo, tenazas, alicates, destornillador para los pequeños trabajos;

— una podadera, una sierra serrucho, una tijera para la limpieza del entorno;

— eventualmente una guadaña o una hoz para despejar los accesos de las colmenas.

Caja de herramientas especiales con compartimento para colocar momentáneamente los cuadros

A estas herramientas es conveniente añadir:

— clavos de diversas longitudes, alambre, cuerda fina, una caja de chinchetas.

La caja de cuadros

Es útil tener una caja susceptible de contener varios cuadros. Si, en el curso de las manipulaciones, el apicultor es impulsado a retirar de una colmena algunos cuadros que contengan miel o néctar recogido recientemente, por causa del pillaje, es necesario no dejarlos al aire libre. Una caja con tapa de bisagras es por consiguiente práctica para este almacenamiento momentáneo (cuadros suspendidos como en la colmena).

Esta caja puede estar dispuesta de manera para reagrupar los útiles mencionados anteriormente. Este conjunto tendrá cuatro patas y un asa para el transporte.

Cuaderno de notas

La dirección de un colmenar necesita recurrir a un cierto número de informes.

Cada colmena está identificada por un número. Todas las principales observaciones referentes a la colmena, se anótarán. Estas notas podrán consultarse, llegado el caso. Es conveniente desconfiar de la memoria siempre con fallos.

Material de reserva

El apicultor avisado tiene siempre a su disposición un mínimo de material para evitar los diversos imprevistos:

— colmenas vacías dispuestas para su uso para alojar los enjambres;

— colmenitas del mismo tipo que las colmenas utilizadas en el colmenar;

— cuadros provistos de cera para la sustitución de cuadros defectuosos en las colmenas visitadas o para surtir a las colmenas o colmenitas que reciban un enjambre;

— pisos de recambio;

— alfombras o bandejas cubre cuadros;

— alimentadores, si las colmenas no tienen ya incorporados en la bandeja cubre cuadros.

Accesorios diversos

Entre los accesorios utilizados en el colmenar, se puede indicar:

— la rejilla para reina, compuesta por alambre de acero soldado y separados por una distancia calibrada. La separación de los alambres permite el paso de las obreras pero impide el de la reina que es más gruesa.

Algunas rejillas están constituidas por chapa o una placa de materia plástica perforadas.

La rejilla para reina se utiliza para buscar la reina o bien para encerrarla en una parte de la colmena.

— un estuche para marcado de las reinas. Este es variable según las técnicas empleadas. Sirve para marcar la parte superior del tórax de la reina con la pintura especial o una pastilla coloreada encolada;

— un rascador, tipo cuchillo de masilla ancho, para raspar las colmenas y suelos;

— un litro de lejía con un cubo y un cepillo de grama para limpiar los suelos;

— un frasco con vaporizador sencillo, para detener el saqueo si se produce. Unas gotas de amoníaco en el agua vaporizada sobre la entrada de la colmena robada contribuyen a devolver la calma;

— un frasco de esencia de melisa o de limón o de otro perfume agradable a las abejas para efectuar las reuniones de colonias.

Para la recogida de enjambres

— una cesta con mango, o una cajita de poco peso en contrachapado que hará el mismo oficio para la captura de los enjambres. No olvidar la tela de yute de mallas flojas, suficientemente grande (1,50 × 1,50 m aproximadamente) que debe acompañar.

Material en el taller

El utillaje del taller del apicultor principiante debe ser muy limitado.

Si él no fabrica sus colmenas por sí mismo, un pequeño utillaje muy sencillo debe permitirle serrar la madera necesaria para la fabricación de los cuadros. Todavía puede comprar sus cuadros para montarlos o incluso ya montados por completo.

Para el que quiere construir sus cuadros a partir de madera cortada para sus cuidados, existen numerosas herramientas eléctricas ligeras y prácticas (sierras, taladros, etc.), comercializados en todas las tiendas especializadas.

De hecho, lo esencial del equipamiento se destinará a la confección o al adorno de los cuadros.

Señalemos: para el taladro de los cuadros: una broca con barrena o un sacabocados apropiado, o una grapadora si el alambre se sujeta por grapas.

Es conveniente precisar que cuando se utiliza las grapas, se debe colocarlas antes de montar los cuadros.

Para la sujeción de la cera, es necesario:

— una espuela;

— circunstancialmente una bureta con cera.

Añadimos a esta primera materia, a saber:

— alambre galvanizado o estañado en bobina;

— grapas para su fijación;

— cera estampada en hojas del formato de los cuadros utilizados;

— circunstancialmente separadores HOFMANN para los que estén interesados en este sistema;

— clavos de 30 × 10 para clavar las maderas de los cuadros;

— clavos de 50 a 60 × 16 para la suspensión de los cuadros (cabezas planas).

Material para la recogida de la miel (mielería)

La época de la recogida es sin duda la más esperada por el nuevo apicultor que no tiene sino una prisa: poder recuperar lo que sus abejas han almacenado en las alzas.

Cuando este período... «feliz» va a llegar, todo debe estar dispuesto para esta importante operación. Ella necesita:

Un local

Es muy evidente que el propietario de algunas colmenas no puede instalar una mielería que no vaya a servir más que para este fin. No es sino mucho más tarde, cuando él se haya convertido en propietario de una explotación suficientemente importante cuando deberá pensar en la conveniencia de crearla.

En un primer tiempo, habrá por consiguiente de utilizar momentáneamente un local que normalmente se dedica a otras funciones. Este local debe reunir ciertas condiciones:

— *estar cerrado.* El olor de la miel en la extracción atrae a las abejas y a otros insectos como las avispas. Una entrada dejada a su disposición será rápidamente descubierta y utilizada. Rápidamente el local quedará invadido por los saqueadores y el local resultará muy incómodo.

— *ser suficientemente amplio,* para poder contener las alzas a extraer que no pueden quedar en el exterior, y son por consiguiente almacenadas en el local sucesivamente desde la recuperación. Asi mismo debe almacenar el material de extracción y permitir las evoluciones normales de los operadores.

— *estar bien iluminados.*

— *poder limpiarlo con facilidad,* especialmente en lo referente al suelo. Es difícil de proceder a la extracción sin ensuciar el suelo con miel y cera. La limpieza, si es posible al chorro de agua, debe pues considerarse.

— *disponer de un punto de agua corriente:* fregadero, lavabo.

La miel se derrama fácilmente en el curso de las manipulaciones: cuadros desoperculados, cuadros vacíos, alzas, etc. Además, los manipuladores tendrán con frecuencia necesidad de «despegarse» las manos ya que, de cualquier forma que se trabaje, es prácticamente imposible no ensuciarse las manos con miel.

— circunstancialmente, *disponer de una toma de corriente* por lo menos, si el extractor está provisto de un motor y si el operador utiliza un cuchillo de desopercular eléctrico.

Material de extracción

Este material está en función de la importancia de la explotación. Por consiguiente debe ser limitado a lo necesario.

Lo necesario no es forzosamente el mínimo. En efecto, el mínimo estaría constituido por una horquilla que sirve para raspar los panales de miel hasta la cera estampada, y a filtrar a continuación la mezcla miel-cera con un lienzo fino, tipo tamiz. Esta técnica rudimentaria se emplea todavía algunas veces por quienes no recogen sino ocasionalmente algunos kilos de miel. Los apicultores que deseen merecer este título dispondrán pues de un equipamiento conveniente, es decir:

Un cuchillo para desopercular

Se trata de un cuchillo especial, de forma apropiada, cuya hoja puede estar provista de muescas para facilitar el corte de la cera.

Hay cuchillos para desopercular por calentamiento eléctrico o el vapor, pero es bueno acostumbrarse a efectuar, en sus inicios el trabajo, con un cuchillo desoperculador ordinario.

Igualmente se puede emplear un rastrillo, especie de horquilla con numerosos dientes. Este utensilio tiene sus adeptos. Cada uno debe escoger el utensilio que mejor le convenga *(fotografía 7).*

Una cuba para desopercular que puede reducirse a un barreño ancho. En este caso, si es de metal, no estará galvanizado, sino estañado o de aluminio, o también de acero inoxidable. Puede ser de materia plástica «alimentaria».

Esta cuba puede utilizarse conjuntamente con un caballete sobre el que se colocará el cuadro a desopercular. Para el principiante, el caballete es mucho más práctico. Debe ser apropiado al modelo de los cuadros utilizados. Necesita el empleo de un barreño o de una cuba en la que caerá la miel con los opérculos.

Un extractor

Es el aparato más caro. Sin embargo, es indispensable puesto que permite mediante centrifugación hacer salir la miel contenida en las celdillas de los panales. Es de un costo relativamente elevado, no obstante es necesario no querer economizar demasiado sobre esta adquisición. El principiante no sabe lo que llegará a ser su explotación y no debe pues ser de miras cortas.

En materia de extracción, existen dos sistemas:

— *el tangencial,* en el cual los cuadros, puestos en una jaula de rejilla, están colocados paralelamente a la pared de la cuba. Permite vaciar un lado del cuadro a la vez; es necesario darle la vuelta para extraer la miel de la otra cara.

— *el radial,* en este último, los cuadros se colocan perpendicularmente a la pared. La miel sale porque las celdillas están ligeramente inclinadas en el panal en relación con la horizontal. Este sistema evita tener que dar la vuelta a los cuadros, pero la extracción dura mucho más tiempo, sobre todo si la miel es pobre en humedad (<16 %).

El sistema tangencial permite extraer las mieles muy viscosas difíciles de recuperar con el extractor radial.

El apicultor que no tiene sino unas colmenas, debe por consiguiente buscar un material de fácil utilización, poco costoso, pero susceptible de poder realizar el trabajo de una explotación un poco más importante sin tener que considerar el empleo de un nuevo equipo. Deberá pues escoger un aparato de jaula tangencial manejado a mano, pero que pueda posteriormente instalar un travesaño con motor y, si existe la necesidad una jaula radial.

En efecto, si el pequeño extractor de 2 a 4 cuadros es momentáneamente valedero, resulta muy insuficiente en caso de aumentar el número de colmenas, ya que su rendimiento es muy pequeño. La elección debe pues recaer sobre un extractor de 6 semicuadros, o mejor de 8, que puede igualmente extraer 4 cuadros grandes.

Un cálculo rápido va a permitir controlar la duración del trabajo en el extractor (de 4 cuadros de alza) en caso de buena recogida sobre 10 colmenas.

— 20 cuadros por colmena × 10 = 200 cuadros a extraer;

— 3 minutos por cara = 6 minutos por serie = 300 minutos en total = 5 horas.

Esto hace 5 horas de trabajo, consistente en dar vueltas a una manivela, trabajo que no comprende ni la colocación de los cuadros a extraer, ni la recogida de los cuadros vacíos.

Un operador único deberá agregar todos los trabajos de preparación y de acondicionamiento (desopercula-

Extractor

ción, manejos diversos, trasiego, filtrado y almacenado de la miel).

Señalemos que un extractor pequeño tiene un diámetro reducido, exige pues dar vueltas rápidamente, o mayor tiempo que un extractor más grande, de aquí el interés por equiparse con un material de suficiente capacidad.

La calidad del material y sus posibilidades de adaptación eventual figuran pues entre las condiciones a considerar durante la compra.

Actualmente se fabrica un material en acero inoxidable de excelente calidad. En otro tiempo, antes de la llegada al mercado de este material, la bidonería apícola se hacía de chapa estañada. Esta, acaba a la larga por oxidarse. Es preciso señalar que la miel es naturalmente ácida (pH comprendido entre 3,5 y 6), y oxida todo metal si él no es resistente a la corrosión.

Filtro para miel

A la salida del extractor, la miel contiene pequeñas partículas de cera procedentes de la operación de desoperculación. Esta cera debe eliminarse lo más posible (es para retirar de la miel el máximo de sus impurezas, por lo que se la pasa por el tamiz antes del almacenado). Cuanto más fino es el tamiz, más lenta es la operación pero es mejor el resultado. Los modelos de filtros para miel van desde el colador al tamiz ancho.

El madurador

A menos de poseer un tamiz de mallas extremadamente finas, algunas partículas muy pequeñas llegan a pasar. Para eliminarlas, se almacena la miel extraida recientemente en un recipiente amplio, generalmente provisto de un filtro para miel en su parte superior y de un grifo de salida en la parte baja. Se deja allí permanecer la miel durante unos días *(fotografía 8).*

La permanencia en el madurador tiene varios fines:

— en primer lugar, permite a la miel eliminar por diferencia de densidad, los elementos sólidos extremadamente pequeños pasados a través de las mallas del tamiz. La cera, más ligera, sube a la superficie;

— en segundo lugar, permite a la miel eliminar las burbujas de aire que contiene. La centrifugación incorpora a la miel en forma de pequeñas burbujas. La permanencia en el madurador permite la evacuación. La miel que parece turbia a la salida del extractor se aclara.

La miel, aclarada durante su permanencia en el madurador, se trasiega por el grifo inferior y se almacena en bidones que quedarán bien cerrados, o se pone directamente en tarros.

Contrariamente a lo que deja suponer el nombre del recipiente, no se verifica ninguna «maduración» de la miel en el madurador y su composición es exactamente la misma a la salida que a la entrada. Incluso la riqueza en agua está inalterada. A este respecto, no puede efectuarse sino un cambio entre la superficie de la miel y la atmósfera si el madurador no ha sido tapado. Este cambio es de doble sentido. Si la atmósfera del local en el que se coloca la miel contiene menos del 60 % de humedad, la miel restituirá agua a la atmósfera. Inversamente, si el aire ambiental es húmedo, la miel absorverá agua y se hará más líquida.

El madurador es un utensilio útil para el propietario de un muy pequeño número de colmenas. No es indispensable. No obstante, si el apicultor decide hacer este gasto, todavía, deberá estudiar la calidad y la capacidad. En un mal año, el madurador puede resultar ser demasiado grande, pero resultará con rapidez demasiado pequeño si el año es excelente.

A señalar que el madurador debe permanecer en el mismo sitio cuando contiene miel. Es por lo que puede ser de grandes dimensiones: los modelos fabricados corrientemente en el comercio oscilan de 50 a 1.000 kg y aún más. El bagaje de la mielería se acompaña generalmente de diversos instrumentos: cucharón, paleta, cacerolas o recipientes diversos para los trasvases.

El fluidificador

La miel tal como sale de los panales de la colmena no es un elemento estable. Su composición varía según las plantas sobre las cuales han ido las abejas a libar. Algunas mieles, particularmente de acacia, pueden permanecer líquidas mucho tiempo. Otras por el contrario cristalizan con rapidez, como la miel de colza.

Cuando la miel ha cristalizado, bien en el madurador, bien en un bidón, resulta indispensable fluidificarla para ponerla en tarros. Esta operación se hace con un fluidificador.

Un buen fluidificador debe licuar la miel sin elevar su temperatura a más de 42-45 °C. Esta elevación de temperatura debe ser lo más breve posible para no desnaturalizar sus cualidades organolépticas.

Cuidado, conservación del material

El material apícola, sin por eso ser ruinoso, representa un pequeño capital. Por ello, debe ser cuidado y conservado.

Material de explotación

Se trata esencialmente de colmenas y cuadros ya hechos.

El estado de las colmenas se comprobará durante las visitas, bien en primavera, bien en otoño. La estanqueidad de los techos debe ser perfecta. Las colmenas para reparar se retirarán momentáneamente del servicio; los enjambres pasados a un material en buen estado. Algunos elementos, techo, piso, pueden cambiarse sin dificultades, a condición de disponer de un material estándar. Comprobar:

Para la colmena:

— solidez y estado de conservación del piso;

— el buen mantenimiento de la protección de las maderas contra la humedad (pintura u otra protección);

— la solidez de las cremalleras y sistemas de separación;

— el buen estado de las rejillas de entrada, su eficacia contra el mal tiempo;

— el buen estado del techo de la colmena: tablilla, tapiz o bandeja cubre cuadros; si esta lleva un alimentador, debe poder utilizarse en todo tiempo;

— el cierre correcto del techo, su adaptación sobre la colmena, la calidad del tamiz que cierra los agujeros de aireación si los lleva el techo. Muchas colmenas son atacadas por el paso de intrusos (ratones, lirones, etcétera), por el agujero de aireación con la rejilla deteriorada.

Los soportes constituyen un motivo de sinsabores, si no son muy sólidos. Consolidar, reparar o sustituir todo aquello que sea deficiente.

Para los cuadros hechos

— la solidez de la madera en particular en la parte inferior del cuadro;

— el sistema de enganche.

Panales construidos

La conservación de los panales construidos no plantea apenas problemas cuando están confiados a la vigilancia de las abejas. Solamente las colonias débiles, deficientes, huérfanas dejan deteriorarse los panales. En estos últimos, la falsa polilla puede introducirse y atacar a las ceras que, y si la temperatura es suficiente, quedan totalmente destruidos en un plazo relativamente corto (2 a 3 semanas en verano).

Este problema depende por consiguiente del buen estado de la colonia; debe ser tratado en consecuencia.

Panales del cuerpo de la colmena

Conservarlos al aire libre verticalmente dejando entre cada uno de ellos una separación mínima de dos centímetros.

Alzas construidas para conservar después de la recogida

Tres posibilidades se ofrecen al apicultor:

— dejar las alzas sobre la colmena. En este caso el techo de la colmena debe colocarse en su sitio y dejar un paso a las abejas para permitirlas visitar los panales (levantar una esquina del tapiz, tablilla con agujero de alimentación abierto pero colocada en el borde). Las alzas quedarán cubiertas herméticamente por encima;

— almacenar las alzas en un sitio muy ventilado, colocadas en pila sobre calzos lo suficientemente altos para permitir una buena aireación de los cuadros en el interior de la pila. Un tamiz sobre el cuadro de madera se colocará por la parte inferior de la pila y otro por la superior. La corriente de aire que se formará en esta chimenea, impide el desarrollo de las larvas de falsa polilla y los tamices impedirán a los roedores atacar los panales;

— almacenar en un local perfectamente cerrado, relacionado con el volumen y la importancia del material a depositar, y colocar en este local un producto de protección contra la falsa polilla.

Atención: Para esta última precaución, no emplear ningún insecticida como DDT, pegamento anti-mosquito u otro que pueda causar la muerte de las colonias cuando coloquéis sobre las colmenas las alzas conservadas.

Se puede utilizar las pastillas de paradiclorobenceno o hacer quemar una mecha de azufre. En todos los casos, airear bien las alzas antes de volver a utilizarlas.

V El año apícola

El trabajo del colmenar no necesita una presencia continua como la exigida por la vigilancia y mantenimiento de la mayoría de otras producciones. Sin embargo, algunas operaciones son indispensables para una explotación correcta del colmenar. Estas intervenciones son de un número relativamente limitado pero deben realizarse en su momento, y hacerlas pronto o demasiado tarde puede ser tan nefasto como su ausencia.

Citemos las operaciones principales:

— limpieza de los pisos a la salida de invierno;

— visita completa de primavera;

— colocación de las alzas;

— recogida;

— visita de otoño;

— alimentación si fuera necesario;

— puesta en invernada.

A estos trabajos se añaden los paseos por el colmenar, tan frecuentes como las circunstancias lo precisen:

— en primavera para controlar los accesos de las colmenas desde las primera salidas;

— en el momento de la enjambrazón, para recuperar eventualmente los enjambres;

— durante la mielada, para agradar las colmenas en el tiempo adecuado, si fuera necesario;

— después de cada borrasca, en verano como en invierno, para verificar que todo está en orden;

— en tiempo adecuado para efectuar los tratamientos necesarios, particularmente en caso de invasión por la varroasis.

Visitas

Si los paseos al colmenar son relativamente numerosos, las intervenciones en la colmena deben ser de muy limitado número.

El principiante está tentado por el deseo frecuente de ver lo que sucede en la colmena. Las abejas, tienen necesidad de estar tranquilas. Por consiguiente es necesario conciliar ambar cosas y no abrir las colmenas más que si ello fuera necesario.

Duración de las visitas

La visita de una colmena debe realizarse lo más rápidamente posible.

La mayoría de los sinsabores del apicultor se deben a las operaciones muy largas dejando la colmena abierta demasiado tiempo.

La colmena cerrada y tranquila está en condiciones de defenderse particularmente contra el saqueo. La colmena abierta, con las obreras desorientadas por el ahumado, la abandona a los saqueadores que siempre están al acecho en período de pequeñas posibilidades de recogida.

La visita debe ser por consiguiente tan breve como sea posible. No debe exceder de 6 a 8 minutos, tiempo que permite realizar todas las manipulaciones y todas las observaciones en una colmena bien cuidada.

El apicultor no debe olvidar que el pollo, en la colmena, tiene necesidad de una temperatura ambiente de 35 °C aproximadamente. La apertura de la colmena y la manipulación de los cuadros deben ser limitados en el tiempo para evitar un enfriamiento. Si la temperatura exterior es baja, la visita debe ser rápida *(fotografía 9)*.

Condiciones externas del tiempo

Las visitas no pueden hacerse cualquiera que sea el tiempo:

— por causa de las abejas;

— por motivo de la vecindad.

Las reacciones de las abejas durante la apertura de la colmena son diferentes según la hora, la estación, las condiciones atmosféricas. Es por lo que, en la medida en que ello pueda hacerse, determinadas condiciones deben respetarse, especialmente la temperatura ambiente. No abrir las colmenas si la temperatura no alcanza los 17-18 °C.

Si se procede a esta apertura por temperatura demasiado baja, las abejas van, en gran parte, a permanecer sobre su cuadro, pero levantarán el abdomen sacando su aguijón del que va a fluir el veneno, y numerosas atacantes van a precipitarse sobre el manipulador.

Condiciones favorables para las visitas

— temperatura suficiente;

— buen tiempo y soleado;

— ausencia de viento o si lo hubiera muy débil;

— mielada o muy grande actividad de las libadoras.

Condiciones desfavorables

— temperatura baja;

— tiempo borrascoso;

— viento;

— ausencia de actividad de las libadoras.

Para efectuar su visita el apicultor principiante debe aprovechar la buena actividad de la colmena con las condiciones exteriores que inciten a las abejas a salir. Además las salidas serán numerosas, y mejor se pasará aquella ya que las libadoras son las abejas viejas, aquellas que son susceptibles de atacar al operador; en efecto, las abejas jóvenes no son absolutamente peligrosas en el nacimiento y relativamente poco durante los primeros días.

Por el contrario, un mal tiempo obligando a todas las abejas, o casi todas, a permanecer en la colmena, colocará al apicultor en presencia de toda la población, más difícil de manipular porque es más importante y sobre todo más agresiva.

La estación influye igualmente sobre el comportamiento de las abejas. En primavera, con tiempo claro y bueno, cuando hay gran cantidad de flores a libar, es muy alegre visitar la colmena. Las abejas muy ocupadas por su trabajo no se interesan apenas por el visitante.

Por el contrario, la apertura de una colmena en período de escasez es mucho más peligroso, ya que las abejas tienen tendencia a defender su alimento.

Condiciones materiales

La manipulación de las abejas necesita un mínimo de material:

El ahumador

Debe estar bien encendido y siempre en estado de funcionamiento normal durante la visita.

Debe desprender una humareda suficiente y ésta no debe ser caliente. Cuando se hace azul, es demasiado caliente e incita a las abejas al ataque en lugar de calmarlas.

El combustible del ahumador debe ser siempre abundante y la humareda que desprende no ha de indisponer a las abejas. La tela de yute de sacos viejos, el cartón ondulado enrollado, los trapos de algodón puro, las virutas resinosas, las hojas de abeto constituyen un buen combustible para alimentar el ahumador.

Por el contrario, los trapos que contienen lana o caucho deben prohibirse.

El empleo, por otra parte, enseñará rápidamente lo que conviene y sobre todo lo que no conviene.

Los restos de propóleo mezclados con el combustible dan al humo un olor agradable para las abejas.

El levanta cuadros

El levanta cuadros debe estar «a mano» del apicultor. Lo esencial es su robustez. Los más rústicos son los mejores.

Es conveniente pintar el levanta cuadros de un color llamativo de modo que se le pueda encontrar con facilidad. Debe estar siempre al alcance de la mano.

La visita de una colmena impone al apicultor la necesida de evolucionar con facilidad en un mínimo de espacio.

Nada debe entorpecer los movimientos del operador. Es por lo que:

— las colonias deben estar suficientemente separadas, para que, durante la visita a una de ellas, las otras no constituyan un obstáculo.

— los accesos no deben tener obstáculos (ramas, zarzas, cercados, etc.).

La visita de una colmena no debe producir efervescencia en las colonias vecinas, en consecuencia:

— evitar los soportes comunes para varias colmenas, ya que todo golpe dado a una va a repercutir en las otras y pone las abejas a la defensiva;

— si las colmenas vecinas sirven para colocar algunos objetos, utensilios, cuadros, ahumador, etc., lo cual es práctico cuando los techos son planos, será necesario evitar las brusquedades al colocarlos o volverlos a coger.

Cómo realizar la visita de una colmena

Antes de comenzar la visita de una colmena, el apicultor ha de asegurarse que todo aquello que necesita está en la inmediata proximidad. En efecto, no debe abandonar una colmena abierta para ir de un lado a otro a buscar lo que le hace falta *(fotografía 10).*

Los cuadros nuevos, particiones, alzas, etc., serán por consiguiente los adecuados para la colmena a visitar.

La visita de una colmena comienza, generalmente, por un ligero ahumado en el agujero de vuelo. Se trata de un aviso que debe solamente poner las abejas en murmullo. Dos o tres bocanadas de humo frío bastan. Ahumando más, las abejas retroceden hacia la parte alta de la colmena y el operador las encuentra bajo el cubre cuadros al levantar éste.

Después del aviso por el humo, esperar unos instantes para descubrir la colmena.

El techo puede colocarse al revés, al lado de la colmena. Recibirá el material o los cuadros retirados momentáneamente de la colmena.

El cubre cuadros se levantará, en su totalidad si es de una sola pieza, o parcialmente si se trata de tablitas o de un tapiz y la colmena queda descubierta. Estos últimos son más prácticos puesto que permiten no abrir más que la parte de la colmena donde es necesario trabajar.

Ahumar todo al levantar el cubre cuadros, de manera que rechace a las abejas hacia el interior de la colmena.

Las bocanadas de humo deben darse sobre la parte alta de los cuadros para hacer descender las abejas, pero nunca entre los panales:

— no ahumar nunca un cuadro sacado de la colmena. Ello hace volar a las abejas que lo cubren;

— no sacudir las abejas de un cuadro levantado de la colmena, excepto si se trata de una necesidad;

— comenzar por un costado, levantando el cuadro del borde, sacudir las abejas situadas sobre él y colocarlo de costado, si es posible en una caja cerrada. Esta precaución es necesaria sobre todo si el cuadro tiene miel o néctar.

El cuadro siguiente se despegará con el levanta cuadros, sin dar golpes y sin chasquidos. Se le examinará inmediatamente de sacarlo de la colmena, y vuelto a colocar, desplazándolo una muesca, es decir va a ocupar el sitio del anteriormente levantado.

Para sacar un cuadro, cogerlo por el travesaño superior, separarlo ligeramente del vecino aprovechando el sitio dejado libre por el cuadro ya levantado. Extraerlo lentamente evitando lastimar las abejas por roces contra el cuadro vecino.

El tercer cuadro será, a su vez, sacado y vuelto a colocar en el sitio del segundo después de haberlo examinado.

El examen de un cuadro no debe durar más que unos instantes. Es necesario no retrasarse nunca inútilmente cuando la colmena está abierta.

Antes de coger cada cuadro, ahumar ligeramente por encima con el fin de ahuyentar las abejas del lado por el que el cuadro será sostenido.

En el examen, el cuadro debe permanecer por encima de la colmena con el fin de evitar que las abejas que pudieran caer no cubran el suelo, especialmente cuando reunen pequeños racimos en el bajo del cuadro.

No hacer movimientos bruscos encima de la colmena. Todo movimiento rápido tendrá como consecuencia el vuelo de un grupo de vigilantes.

Si el tiempo es soleado, no trabajar entre el sol y las abejas, los cambios bruscos luz-sombra favorecen el vuelo de las abejas.

A medida que avance la inspección, descubrir la colmena, y, desde que ello sea posible, cubrir la parte inspeccionada. Una zona descubierta de 15 a 20 centímetros de ancha es suficiente para poder trabajar a gusto.

Para recubrir la parte inspeccionada, se puede utilizar un trozo de lienzo que se desenrollará a medida de las necesidades.

Precauciones

Colocación de los cuadros

Las abejas han organizado su vida en el interior de la colmena. El pollo ocupa la parte central, el polen se encuentra sobre los cuadros situados contra los del pollo, la miel está en la parte superior de los cuadros y en los cuadros situados en las orillas.

Los cuadros deben por consiguiente permanecer en el mismo orden, y en el mismo sentido, con el fin de no desorganizar la colonia. La superficie de los cuadros no es exactamente plana, especialmente aquella donde está almacenada la miel. Al relieve de un cuadro corresponde una zona excavada sobre el cuadro que está situado enfrente. Al volver a colocar un cuadro, los relieves no van a corresponderse, las abejas corren riesgo de ser aplastadas entre dos cuadros y los panales quedarán dañados durante la colocación de los cuadros.

Localización de la reina

La reina es físicamente diferente de las otras abejas y de los zánganos.

En período de puesta, su abdomen es muy alargado y brillante, ligeramente más claro por debajo.

Normalmente se la encuentra, sobre los cuadros del pollo, pero se desplaza muy rápidamente en el curso de un inspección, en particular si se trata de una reina joven. Una reina no fecundada todavía es más difícil de localizar.

La búsqueda de la reina puede ser necesaria por:

— su reemplazo;

— la necesidad de saber dónde se encuentra para una operación de cría (creación de un enjambre artificial);

— su marcaje, etc.

Pero buscar una reina, es decir una sola abeja, entre las decenas de miles de las otras no es cosa fácil y es preciso un ojo habituado para poder descubrirla (1).

Final de la inspección

El último cuadro una vez inspeccionado se sitúa en el sitio del penúltimo. El lugar que queda libre recibirá el cuadro sacado inicialmente si está en buen estado.

Colmena de vidrio mostrando una población bien desarrollada

(1) Las diferentes técnicas de búsqueda son expuestas en la obra «*Sèlection et élevage des reines - essaimage artificiel*» del mismo autor.

En caso contrario, será sustituido según las circunstancias, bien por un cuadro hecho, bien por un cuadro provisto de cera estampada, también por una partición (2).

La colmena inspeccionada se cubrirá correctamente y el techo nuevamente colocado.

En principio, una colmena visitada debe ser vuelta a poner en su estado inicial y es preciso no tener que volver allí más tarde.

Trabajos sistemáticos durante el año

En el colmenar deben hacerse diversas intervenciones de forma regular y en época determinada. Todas tienen su importancia y ninguna ha de olvidarse. Todos los trabajos indicados a continuación son válidos en toda Francia en cuanto a la técnica de realización. El calendario corresponde a un colmenar situado en las regiones del centro y parisina. Debe adaptarse según la situación del colmenar en relación a estas regiones.

Limpieza de los pisos

Durante el período frío, las abejas no pueden salir de la colmena y la colonia, bien reunida en racimo, vive sobre las reservas acumuladas durante el buen tiempo. Las abejas no pueden apartarse del grupo, a falta del cual correrían riesgo de quedar entumecidas por el frío y morirían. Ello no es pues problema para las limpiadoras hechar fuera los restos de cera cortados para tomar en los panales de miel, o los cadáveres de la abejas que, llegadas al fin de su vida, mueren en la colmena. Residuos y cadáveres pueden pues acumularse sobre la bandeja, en particular si el período frío es largo. Para evitar un trabajo considerable a las abejas, es necesario evacuar estos restos que corren el riesgo de quedar empapados por el agua de condensación que fluye a veces sobre las paredes internas de la colmena y transforma el conjunto en un magma putrefacto.

(2) **Partición:** reemplaza un cuadro, es un panel de madera o de cualquier otro material de las dimensiones del cuadro y puede sustituir a éste.

Este trabajo debe realizarse en marzo-abril, desde que las condiciones atmosféricas lo permiten.

Material

Es necesario proveerse de un raspador, de una brocha, un cubo de agua con lejía (medio vaso por cada diez litros) y de un soporte cualquiera para colocar momentáneamente el cuerpo de la colmena. Un alza de la que los cuadros hayan sido retirados es conveniente.

Descripción de la operación

Levantar el techo para facilitar la manipulación del cuerpo de la colmena. Luego de haber enviado una bocanada de humo por el agujero de vuelo, coger el cuerpo de la colmena y colocarla suavemente sobre el alza colocada al lado de la colmena. La bandeja se retira entonces. Rasparla, cepillarla vigorosamente con el agua de lejía y colocarla en su sitio después de secarla.

Volver a colocar el cuerpo de la colmena en su sitio así como el techo.

El conjunto de las operaciones debe hacerse en menos de dos minutos.

Precauciones a tomar

Es necesario trabajar con temperatura relativamente suave: 5 a 7 grados por lo menos. Los residuos serán vertidos sobre una cesta para enterrarlos. Si el material está estandarizado, es bueno tener un piso limpio suplementario; ello permite reemplazar el piso sucio por el limpio y, si se dispone de una ayuda, es posible levantar solamente el cuerpo de la colmena durante el cambio. En este caso, si las abejas son dulces, el uso del ahumador resulta prácticamente inútil y casi contraindicado. El piso levantado se limpiará para colocarlo bajo la colmena siguiente.

La manipulación del cuerpo de la colmena permite apreciar el peso, por consiguiente saber si la colonia dispone todavía de importantes provisiones. Esta información muy importante se anotará ya que permitirá conocer las colonias a alimentar en caso de una primavera tardía o vuelta del mal tiempo.

Primera visita de primavera

Esta visita de primavera es la primera operación importante del año. Ha de hacerse sistemáticamente. Tiene por finalidad determinar el estado exacto de cada colonia y controlar los stocks de provisiones.

Fecha de la visita

No hay fecha fija para ello, pero debe realizarse lo más pronto posible en primavera, desde que las condiciones meteorológicas lo permitan, ello con el fin de poder intervenir eficazmente en tiempo adecuado si las circunstancias lo requieren.

Condiciones externas que permiten la visita

La visita de primavera debe hacerse con temperatura adecuada, + 15 °C por lo menos. El pollo antes de ser retirado momentáneamente de su medio, es preciso que no se enfríe. La ausencia de viento y una buena actividad de las abejas facilitan el trabajo. Es aconsejable el final de una mañana bien soleada.

Cuadro con pollo — en el centro: un principio de celdilla real

Observaciones a realizar

Durante esta inspección, se efectuarán los siguientes controles:

— presencia de pollo. La cría se ha reemprendido normalmente en la colmena a partir de febrero, a veces incluso antes. Se debe por consiguiente encontrar los cuadros con pollo en el centro del racimo.

La ausencia de pollo en este período es anormal; tiene por causa la falta de reina (colonia que quedó huérfana en invierno) o una reina deficiente e incapaz de poner (oviducto obstruido o malformación):

— buena presencia del pollo.

El pollo debe ser homogéneo. Comprobar que los opérculos del pollo cerrados son planos, de color uniforme.

El pollo mal repartido y que presente numerosas celdillas abiertas entre las operculadas es el resultado de una reina vieja que habrá que reemplazar.

La presencia única de pollo abombado permite diagnosticar una colmena zumbadora. Dos causas pueden ser el origen de esta situación:

— muerte de la reina fecundada durante el invierno y cría de una reina joven que no ha podido ser fecundada a causa del mal tiempo. Ella pone huevos que dan nacimiento a zánganos;

— muerte de la reina sin posibilidad de cría real (no hay huevos o larvas de menos de tres días después de la muerte de la reina). La colonia posee abejas ponedoras.

En el primer caso, el pollo es homogéneo y bien repartido, en el segundo, el pollo está diseminado y puede encontrarse varios huevos en la misma celdilla.

Estado sanitario

El pollo deber ser sano *(ver Capítulo X relativo a las enfermedades).*

Reservas existentes en la colmena

Las reservas deberán valorarse tan exactamente como sea posible. Se distribuirá un alimento si la necesidad se hace sentir.

Datos a señalar

A continuación de la visita, deberán anotarse diversos datos sobre una ficha o en un cuaderno:

— la fuerza de la colonia y especialmente la importancia del pollo;

Foto 1. *Pollo de todas las edades*

Foto 2. *Abeja joven*

Foto 3. *Cestos antiguos de paja*

Foto 4. *Colmenar bajo bosque demasiado umbroso*

Foto 5. *Colmenar bajo abrigo*

Foto 6. *El ahumador: útil indispensable que debe estar siempre preparado para funcionar*

Foto 7. *Mesa para desopercular muy funcional*

Foto 8. *La mielería*

Foto 9. *Colmenar bien instalado*

Foto 10. *La primera visita debe hacerse en primavera en cuanto sea posible*

Foto 11. *Celdilla real natural*

Foto 12. *Emjambre colgado de la rama*

Foto 13. *Visita sistemática al colmenar*

Foto 14. *Un bello cuadro de miel*

Foto 15. *Colmenar en invernada*

Foto 16. *Celdilla real utilizable para el injerto*

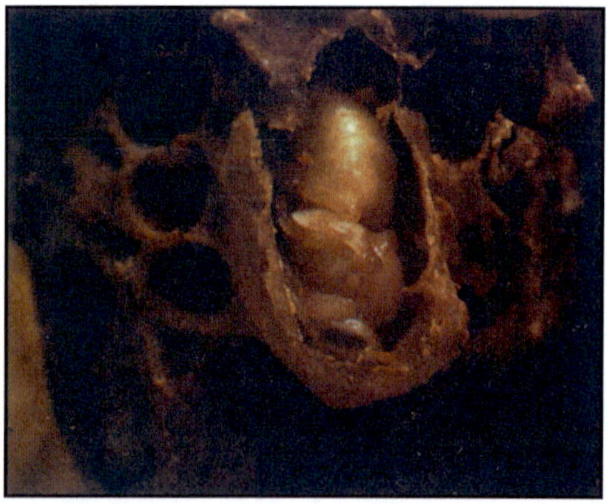

Foto 17. *Celdilla de reina abierta mostrando su posición en el curso de la metamorfosis*

Foto 18. *Colmenar bien instalado*

Foto 19. *Test de la cerilla*

Foto 20. *Pollo enfermo de micosis*

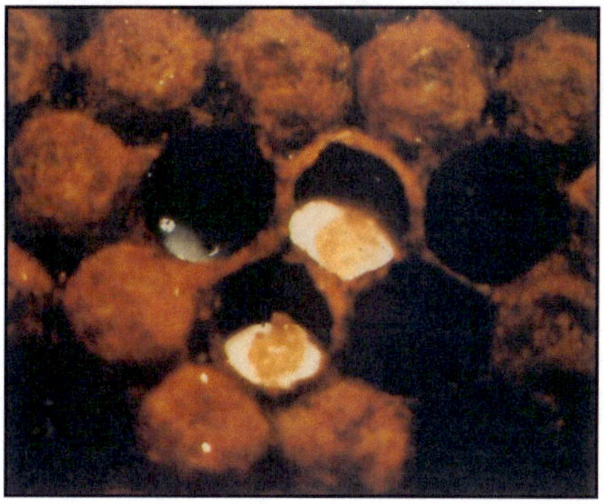

Foto 21. *Varroa hembra en una celdilla*

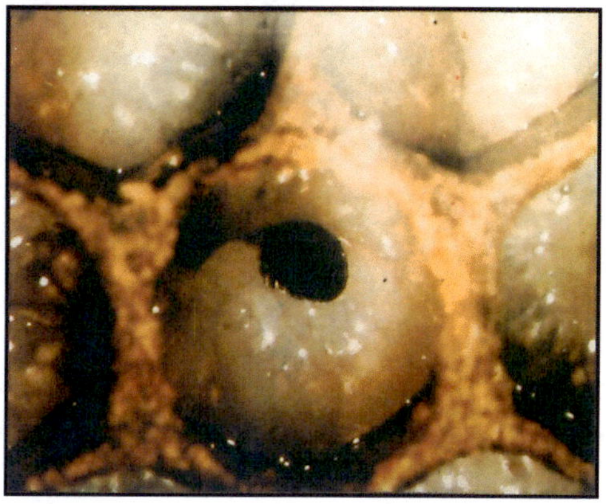

Foto 22. *Nido de avispas*

Foto 23. *Larvas de falsa polilla*

— el estado sanitario;

— la cantidad estimada de las provisiones disponibles.

Estos datos podrán completarse por distintas observaciones, a gusto del apicultor (dulzura o agresividad, mestizaje, etc.).

Sustitución de cuadros viejos

Es necesario aprovechar la primera visita para retirar de la colmena las viejas construcciones ennegrecidas, con frecuencia estropeadas y enmohecidas que se encuentran sobre los costados de la colonia. En este período, los panales están con mucha frecuencia vacíos. Por consiguiente es fácil eliminarlos. Se sustituirán por cuadros nuevos.

Atención: En este período del año, no es necesario introducir un cuadro, especialmente no construido, en el centro del nido del pollo. Es preciso poner uno solo muy cerca de él, estando los otros colocados cerca de las paredes.

Marcaje

Estando la colonia poco desarrollada en el momento de la visita, es bastante fácil de encontrar la reina sobre uno de los cuadros de pollo, a condición no obstante de no haber casi utilizado el humo. Es pues fácil señalarla con el color del año *(ver cría).*

Sin embargo, es preciso no obstinarse en buscar una reina que no se habría visto durante la manipulación. Ello ocasionaría una muy grande desorganización de la colmena que debe ser molestada lo menos posible. Además, toda falsa maniobra podría ocasionar la pérdida de la reina (aplastada o caída fuera de la colmena). Un accidente semejante pondría en dificultad la próxima recogida.

Alimentación de primavera

En el caso en que las reservas sean estimadas como insuficientes para permitir a las abejas esperar las llegadas de néctar, es preciso alimentar.

En febrero-marzo, se aconseja dar a las abejas panes de azúcar cande, la distribución de jarabe no debe hacerse sino a partir de abril. Los panes de cande se colocan directamente bajo los cuadros de forma que sean fácilmente accesibles a las abejas. Estarán recubiertos calurosamente.

Es posible utilizar igualmente algunos productos de reemplazo preparados en sacos de plástico. Son de empleo cómodo. El jarabe también puede estar envasado de esta forma por el que dispone de un aparato que permite la soldadura (empleado para los productos a congelar).

Incidencias de primavera

Colonias demasiado débiles

Si la colonia es muy reducida (1 a 2 cuadros de pollo poco extenso), no podría desarrollarse suficientemente antes de la recogida. Es necesario reunirla con otra colonia débil. Este reagrupamiento dará una colmena normal lo suficientemente fuerte para asegurar su porvenir.

Colonias zumbadoras

No es prácticamente posible salvar en buenas condiciones una colonia zumbadora en primavera. No hay abejas jóvenes capaces de criar una nueva reina y el tiempo requerido para que esta pueda poner (25 días por lo menos) añadido al necesario para que las jóvenes abejas nazcan (21 días para las primeras) destina toda tentativa al fracaso.

La única posibilidad realista es sacudir las abejas delante de otras colmenas y retirar la colmena zumbadora. Las abejas se reunirán por si mismas con otras colmenas vecinas y las reforzarán. Los cuadros de provisiones se repartirán entre las colmenas más necesitadas. Si la colonia a suprimir está alejada de las otras, será preciso aproximarla progresivamente (0,50 m cada 2 ó 3 días) antes de hacer esta operación.

Colonias al borde del hambre

Sucede que las colonias muy dinámicas crían mucho y se desarrollan muy fuertemente. Por esta circunstancia, ellas utilizan las reservas que van a consumir velozmente. La colonia muere entonces de hambre. En el último estado, cuando se levanta el cubre-cuadros, las abejas tiemblan, levantan el abdomen y sacan su aguijón, pero son incapaces de volar. Si se saca un cuadro, las abejas caen al fondo de la colmena o al suelo. No existe pollo abierto y la reina tiene detenida su puesta. La situación evoluciona velozmente y dos o tres días más tarde la colonia ha muerto.

Para salvar una colonia que se muere de hambre, es necesario tomar una o dos cucharadas de miel que se diluirán en un poco de agua tibia. Este jarabe denso se derramará sobre las abejas directamente en la colmena entre los espacios. En menos de una hora, si el salvamento se hace a tiempo, la colonia recobra su vitalidad. En este momento es necesario introducir en la colmena un cuadro de provisiones tomado de una colonia que disponga de grandes reservas (sin las abejas) y poner un alimentador en su sitio (o un pan de azúcar cande). La alimentación proseguirá en tanto que las entradas de néctar no permitan a la colonia atender a sus necesidades.

Período de enjambrazón

La enjambrazón es el medio natural de multiplicación en las abejas. Por la enjambrazón, la naturaleza asegura la reproducción y perpetuación de la especie.

Abejas haciendo la barba, anuncio de una posible próxima enjambrazón

Epoca

La enjambrazón corresponde generalmente con el período de pleno desarrollo de la colonia, siendo este desarrollo por sí mismo función de las condiciones de la mielada.

En el centro de Francia, se produce en los meses de mayo-junio, época de recogida y de abundancia, es más precoz en las regiones mediterráneas, más tardía en el Norte y las zonas montañosas. En las Landas, la enjambrazón tiene lugar en el momento de la floración de los brezales. La enjambrazón puede, según los años, ser muy importante o prácticamente inexistente.

Causas

La enjambrazón está generalmente provocada por la falta de sitio en la colmena. Cuando la mielada es importante, las libadoras llenan todas las celdillas disponibles, reduciendo por necesidad el espacio reservado a la cría del pollo. La abundancia en la colmena incita a la reina a poner aún más pero la falta de espacio lo impide.

Sin embargo, la abundancia de recogida y la insuficiencia de posibilidad de puesta por la reina no son únicamente la causa de la enjambrazón. Intervienen otros factores:

— la propensión a la enjambrazón. Algunas razas o estirpes son muy enjambradoras. Otras lo son menos, la abeja carniolina o cárnica pasa por ser particularmente enjambradora;

— la edad de la reina. Las colonias que hayan tenido a su frente una reina vieja enjambran más fácilmente, contrariamente a las que tienen una reina joven.

Algunas colonias pueden enjambrar fuera de las condiciones normales, este es el caso particularmente de:

— cuando las abejas sufren hambre. Ellas pueden entonces dejar la colmena, este es un abandono puro y simple y la familia parte entonces a la búsqueda de un lugar más favorable;

— cuando una reina nacida recientemente sale para efectuar su vuelo de fecundación. Si no hay pollo en la colmena, sucede que todas las abejas dejan la colmena y acompañan a la reina.

Calidad de los enjambres

Según la fuerza de la colonia matriz, los enjambres son más o menos grandes. El peso de un enjambre es por consiguiente muy variable. Se ha podido apreciar enjambres de más de cien mil abejas, es decir diez kilos. Estos casos excepcionales son provocados por la reunión de dos o varios enjambres salidos simultáneamente de colmenas diferentes. Inversamente, algunos enjambres son muy pequeños, y no pesan sino algunos cientos de gramos. En este caso, estos enjambres proceden de colmenitas o de colmenas muy enjambradoras que ya han enjambrado varias veces.

Enjambre primario

El enjambre primario es el primer enjambre que sale de la colmena. Generalmente está muy poblado, tiene en principio a su frente la reina en puesta.

Enjambre secundario

Cuando el enjambre primario ha dejado la colmena, la fiebre enjambradora desaparece la mayoría de las veces. Sucede, sin embargo, que la colonia decide enjambrar de nuevo. En estos casos, las reinas jóvenes están desde su nacimiento, bloqueadas en sus celdillas respectivas. No estarán autorizadas a salir sino en el momento del segundo enjambrazón. Es por lo que los enjambres secundarios pueden tener varias reinas jóvenes. Esta particularidad puede tener por consecuencia la división del enjambre en varios racimos pequeños, cada uno tiene por lo menos una reina virgen.

Enjambres terciarios y cuaternarios

Algunas razas de abejas tienen una excesiva tendencia a la enjambrazón. Las abejas parten el enjambre a medida que nacen las jóvenes reinas. Así, tres o cuatro enjambres pueden salir de una misma colmena en días diferentes. Al final de la enjambrazón la colonia es muy reducida entonces y corre el peligro de no poder sobrevivir a causa de la debilidad de su población.

Para ser utilizable, un enjambre debe tener por lo menos quince mil abejas, por consiguiente pesar aproximadamente un kilogramo y medio.

Varios enjambres pequeños salidos el mismo día pueden ser reunidos para formar una colonia suficientemente populosa y ello sin precauciones particulares.

Signos precursores de la enjambrazón

La enjambrazón puede ser intempestiva, por consiguiente imprevista, en caso de abundancia súbita en la colmena, pero lo más frecuente es que sea preparada por las abejas que crían reinas jóvenes con este fin.

A señalar que: las celdillas reales criadas con vistas a la enjambrazón están casi siempre situadas sobre los alrededores del nido de pollo (hacia el exterior de los cuadros, sobre los cuadros de la orilla o en el alza) mientras que las celdillas reales provocadas por una orfandad están situadas al azar sobre el pollo joven existente en el momento de la cría *(fotografía 11).*

La colmena que debe enjambrar es generalmente muy populosa. La ausencia de sitio en el interior de la colmena obliga a las abejas a permanecer en el exterior. Las libadoras sin empleo se reunen en racimos cerca de la salida de la colmena, generalmente bajo la plancha de vuelo. Ellas forman «la barba».

La colonia que va a enjambrar busca desde su salida un lugar para alojarse. Con este fin son enviadas las exploradoras, y las colmenas o colmenitas vacías son exploradas, incluso custodiadas y limpiadas en espera de la llegada del enjambre.

Salida del enjambre

El enjambre emprende generalmente su vuelo entre las 11 y las 16 horas (hora solar).

En el momento de la partida, las abejas salen en masa de la colmena y dan vueltas en el cielo en la proximidad de la colmena matriz. El zumbido producido por el enjambre es intenso. Este zumbido no debe confundirse con los vuelos de las abejas jóvenes que salen por primera vez de la colmena. Estas últimas buscan localizarlas volando unos instantes frente a la colmena y se alejan progresivamente mientras que algunas otras tocan llamada sobre la plancha de vuelo, con el abdomen levantado. Esta diferencia es por consiguiente muy fácil de establecer.

Después de haber dado vueltas unos instantes, el enjambre se fija la mayoría de las veces en la proximidad del colmenar sobre un árbol, arbusto, o cualquier otro soporte a su gusto. El enjambre primario tiene una reina en puesta cuyo abdomen está desarrollado. Al estar muy pesada, ella no puede ir lejos. Sucede incluso que la reina permanece en el suelo y que las abejas se reunen allí con ella. Por el contrario, las jóvenes reinas vírgenes del enjambre secundario son ligeras y muy ágiles. El enjambre puede por consiguiente estar volando mucho más tiempo y alejarse mucho más.

Captura

El apicultor que desee aumentar el número de sus colmenas, o repoblar las vacías, debe capturar los enjambres salidos de su colmenar. Este trabajo necesita un material apropiado, la mayoría de las veces compuesto por un cesto con mango, una tela de yute, una podadera y el indispensable ahumador.

El enjambre colgado de una rama es sacudido en el cesto. Este es inmediatamente colocado en el suelo sobre la tela extendida, disponiendo un paso en el fondo del cesto para permitir a las abejas que estaban en el exterior reunirse con el enjambre. Cuando el conjunto está reagrupado en el cesto, la tela se ata alrededor y el conjunto colocado al fresco y a la sombra, en una bodega si fuera posible, en espera de la colocación en la colmena. La deserción del cesto inmediatamente después de la recolección significa que la reina no ha sido recuperada y la operación hay que volver a realizarla *(fotografía 12).*

Cuando el enjambre está colgado sobre un tronco de árbol, a lo largo de un muro, etc., es necesario colocar el cesto por encima y ahumar ligeramente para conducir las abejas hacia él.

En caso de imposibilidad de recuperación, es necesario hacer volar el enjambre ahumando abundantemente, deseando que se cuelgue en un lugar más cómodo para el apicultor, lo cual no sucede siempre.

Colmenitas trampa

Con el fin de simplificar el trabajo de recuperación de los enjambres, el apicultor puede colocar colmenitas

Operación de control en una colmena

trampa en su colmenar o en las proximidades (a unas decenas de metros a lo sumo).

Para ser eficaces, estas colmenitas deben:

— haber sido ya habitadas por las abejas;

— contener uno o varios cuadros construidos, bastante viejos, con exclusión de cera estampada;

— estar colocadas a varios metros del suelo.

Deben ser colocadas en sitio definitivo desde que el enjambre esté instalado allí, a lo sumo la tarde o la noche siguiente. En caso contrario, la colmenita deberá ser desplazada durante una quincena de días en un lugar situado a más de tres kilómetros.

Caza con trampa

Algunos practican una caza con trampa intensiva para poblar su colmenar. Esta práctica es desaconsejable, ya que si el enjambre al salir del colmenar es conocido y puede ser instalado sin otra formalidad, no es lo mismo con los enjambres procedentes del exterior, por consiguiente desconocidos. Ellos pueden ser portadores de enfermedades, acariosis en particular.

Todo enjambre desconocido debe instalarse separadamente, a una distancia suficiente de las otras colmenas para evitar la deriva. Se vigilará su estado sanitario hasta el final de la primavera siguiente y no es sino cuando la certeza del buen estado sanitario se confirme cuando podrá ser introducido definitivamente en el colmenar.

Por las razones indicadas anteriormente, las compras de enjambres a los apicultores cazadores deben rechazarse formalmente.

A señalar que la caza con trampa realizada en la proximidad de los colmenares de colegas, si no es legalmente reprensible, aisla sin embargo al momento.

Instalación de los enjambres

Los enjambres capturados durante el día son encolmenados por la tarde. La colmena receptora se coloca y el enjambre es:

— bien sacudido delante de la entrada sobre una tela y las abejas dirigidas hacia la colmena con tres ligeras bocanadas de humo;

— bien sacudido directamente en la colmena. En este caso, unos cuadros han sido retirados momentáneamente. Inmediatamente después de la operación se vuelven a colocar, la colmena se cierra entonces *(fotografía 13).*

Para tener bien el enjambre, se aconseja meter un cuadro de pollo abierto en el centro de la colmena.

La tarde misma de la instalación se dará un jarabe alimentador. Ello se prolongará muchos días si hay ausencia de mielada o si la colmena tiene muchos cuadros con cera estampada para trabajar.

Medidas para evitar la enjambrazón

La enjambrazón si bien favorece el aumento del colmenar, va en contra de la recogida ya que una colmena que haya enjambrado ve su población prácticamente disminuida a la mitad y el número de sus libadoras es por consiguiente muy reducido.

Para no perjudicar la producción, es preciso evitar la enjambrazón suprimiendo las causas que pueden provocar su aparición.

Las medidas preconizadas son las siguientes:

— reemplazo de las reinas cada dos años. Las colonias que tengan a su frente reinas viejas resultan más enjambradoras, su substitución sistemática limitará esta tendencia;

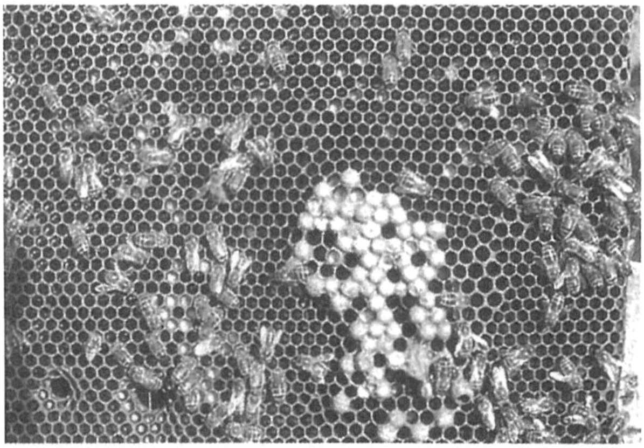

Cuadro de pollo zumbador. No hay reina en la colonia

— ensanchar la colmena en tiempo adecuado. La falta de sitio es una de las causas predominantes en la enjambrazón, la colocación de alzas debe realizarse lo suficientemente pronto para que las abejas tengan siempre espacio disponible;

— introducción de panales para construir. Una cera estampada colocada en el centro del nido de pollo en el momento de la puesta de la primera alza limita el frenesí de la enjambrazón. Asimismo, varios cuadros con cera para construir en cada alza actúan en el mismo sentido.

Colonias no enjambradoras

Existen algunas razas de abejas que no enjambran sino ocasionalmente. Estas colonias renuevan su reina sin enjambrar, teniendo lugar esta renovación fuera del período de enjambrazón. La joven reina puede convivir un tiempo con su madre y las dos ponen simultáneamente.

Las colonias que presentan esta particularidad se las llama «anecbálicas». La abeja negra de Francia tiene tendencia a la anecbalia.

Ventajas de la enjambrazón

La enjambrazón no presenta sólo inconvenientes. En efecto, asegura el reemplazo de la reina, y la colonia que ha enjambrado un año es con frecuencia muy productiva el año siguiente.

En la época en que las loques no podían ser tratadas con productos farmacológicos, la enjambrazón permitía la desinfección natural de las abejas. El enjambre conservado dos días en bodega sin alimento era reinstalado en una colmena nueva o flameada y provista de cuadros nuevos con cera estampada. Un alimento permitiría la arrancada. Esta forma de proceder, muy eficaz en la época puede todavía emplearse en las regiones donde esta enfermedad es de temer.

La tormenta se aproxima. Los chaparrones bruscos pueden sorprender a las libadoras en los campos

La recogida

La época de la recogida es uno de los momentos más esperados por el apicultor. Efectivamente, es la recogida quien concreta los resultados de los esfuerzos hechos después del principio de la estación.

¿Cuándo? ¿Cómo?

No hay fecha definida para proceder a la recogida de la miel en la colmena o las alzas por las abejas: es posible señalarla:

Una sola recogida

En este caso, debe realizarse lo suficientemente tarde en la estación para aprovechar las diferentes mieladas posibles, pero igualmente lo bastante pronto para permitir a las abejas constituir en el cuerpo de la colmena una reserva suficiente con vistas a la invernada. En la región parisina y centro, debe tener lugar durante la segunda quincena de julio, excepto en la posibilidad de una mielada de final de estación (girasol).

Varias recogidas

Es lo que hacen los apicultores que desean separar las diferentes mieles recolectadas por las abejas durante la estación. Cada floración melífera importante constituye el origen de una miel específica (colza, acacia, girasol, espliego, brezal, mielatos diversos, etc.) es interesante recogerlas separadamente con objeto de guardar cada una de ellas con sus cualidades propias: gusto, consistencia, aspecto, etc.

Algunas recogidas deben ser *obligatoriamente* hechas desde el final de la mielada correspondiente. El caso más típico es el de la colza (y de algunas otras crucíferas) que produce una miel blanca que endurece rápidamente en las celdillas de los panales y debe ser extraida en los ocho días siguientes a la desfloración. Cuando se ha solidificado, es imposible extraerla normalmente.

Ventajas e inconvenientes

La recogida única tiene la ventaja de no utilizar sino una vez el material de extracción, y ello es importante para el propietario de algunas colmenas ya que no tiene que recuperar sino unas decenas de kilos de miel. No es recomendable en efecto, emprender la extracción de muy pequeñas cantidades, especialmente si el período de mielada ha sido malo.

Tiene el inconveniente de no suministrar más que una miel «al primero que llega» constituida a partir de diversas floraciones, variables ellas mismas en cuanto al rendimiento de un año a otro. Por esta razón, un mismo colmenár podrá dar, según los años, mieles diferentes. Por el contrario, la recogida única permite a las abejas utilizar la miel almacenada en el alza en caso de un largo período de sequía o de lluvias persistentes en verano.

Advertencia: Parece que las abejas que han constituido grandes reservas se sienten menos atraidas por la mielada. Por el contrario, los enjambres sobre los cuales se sitúa un alza que acaba de ser vaciada parecen trabajar con más intensidad.

Preparación

La preparación de la recogida comienza en otoño para la invernada de las colonias poderosas, en buena salud, provistas con alimentos suficientes. Se prosigue por una conducta bien dirigida en primavera. Es entonces cuando, si las abejas están en estado de recibir el alza, podrá considerarse su colocación.

Colocación de las alzas

Un alza debe colocarse para ensanchar la colmena desde el momento en que la colonia llena el cuerpo de la colmena, incluso si la mielada no ha llegado todavía.

Para determinar el momento exacto en que el alza debe colocarse, es preciso colocar una cera estampada al lado de la colmena, contra la pared. Cuando las abejas han emprendido la construcción de este cuadro y comenzado a almacenar miel y polen allí, es el momento de colocar el alza.

En el momento de la mielada, es necesario comprobar el estado de la colonia levantando el cubre-cuadros. Toda colonia suficientemente desarrollada, es decir, que ocupe los 4/5 de los cuadros, recibirá un alza.

Es inútil colocar un alza sobre una colonia débil ya que las abejas no la ocuparan. Un alza colocada demasiado pronto sobre una colonia débil retrasa su desarrollo. Es un frenazo dado a la colmena con peligro de enfriamiento del pollo si las noches son frías.

Estado de las alzas

Las alzas conservadas durante el invierno deben ser ampliamente ventiladas antes de colocarlas sobre las colmenas, en particular si las ceras han sido preservadas de la falsa polilla por un producto químico (paradiclorobenzeno, por ejemplo).

Los cuadros y panales estarán en buen estado.

Si un alza contiene panales construidos y ceras estampadas, estas últimas se agruparan en el centro ya que es el sitio más cálido y las abejas tienen necesidad de calor para construir.

No alternar nunca cera estampada y panal construido, ya que las abejas llenaran primero estos últimos que serán muy gruesos mientras que los panales nuevos serán delgados, por consiguiente más difíciles para desopercular.

Las abejas ascienden con más dificultad en un alza provista únicamente de cera estampada. Es necesario facilitar esta ascensión colocando dos cuadros construidos por lo menos en el centro en el momento en que se ponen a disposición.

Segunda alza: En período de mielada la segunda alza debe colocarse desde el momento en que la primera está llena en sus tres cuartas partes. Es totalmente inútil colocarla bajo la primera ya que esta operación necesita una manipulación fatigosa. Es suficiente pues colocarla simplemente por encima. Si esta segunda alza no tiene más que ceras estampadas, situación muy frecuente en los principiantes, se facilitará la ascensión de las abejas colocando en la primera alza tres ceras para construir que se instalaran en el centro en substitución de tres cuadros llenos que se colocarán a su vez en el centro del alza vacía.

Número de alzas a colocar

No hay normas que señalen el número de alzas para añadir a una colmena. Son las circunstancias las que mandan. Lo esencial es que las abejas no carezcan nunca de sitio para guardar su recogida.

En caso de falta de material, es necesario realizar una recogida parcial sacando la miel de los panales totalmente operculados. Los panales vacíos se colocarán nuevamente por la tarde misma, al caer la noche.

Colocación de las alzas

La operación de colocarlas debe realizarse muy rápidamente, evitando toda manipulación inútil o inspección inoportuna. Las intervenciones de primavera deberán hacerse en tiempo adecuado.

Una báscula colocada permanentemente bajo una buena colmena permite controlar las entradas de néctar

Colocación de alzas con vistas a la recogida

En época de mielada, las manipulaciones son fáciles ya que las abejas son más dóciles. La colocación de las alzas exige poco tiempo. Luego de haber descubierto la colmena en su totalidad, el alza se coloca y el cubrecuadros se pone sobre el conjunto. Se procederá del mismo modo para la colocación de las alzas suplementarias.

Ventilación de las colmenas durante la mielada

Es aconsejable ensanchar las entradas durante el período de mielada, en primer lugar para facilitar el tránsito de las libadoras, pero también para favorecer la ventilación en el interior de la colmena. En efecto, las abejas deben ventilar fuertemente para poder evacuar el excedente de humedad provocado por la maduración del néctar. Esta ampliación se obtendrá deslizando entre la colmena y el piso, y a cada lado, cuñas de un centímetro de espesor aproximadamente.

Para hacerlo, después de haber ahumado las abejas por la entrada, deslizar una palanca por el agujero de vuelo y levantar suficientemente el cuerpo de la colmena para permitir la colocación de las cuñas. Estas sobresaldrán por el exterior con el fin de facilitar su posterior retirada después de la recogida.

Precauciones

El período de recogida es, con toda seguridad, aquel durante el cual el apicultor corre el riesgo de provocar un incidente, incluso un accidente.

En efecto, se trata de sacar de la colmena los panales de miel cubiertos de abejas en un momento en el que ellas sienten la necesidad de defender su bien. En consecuencia, deberán tomarse diversas precauciones para evitar cualquier daño.

Precauciones previas referentes a la calidad de la miel

Es necesario proceder a la recogida después de la mielada, y no durante esta (excepto en caso de falta de ma-

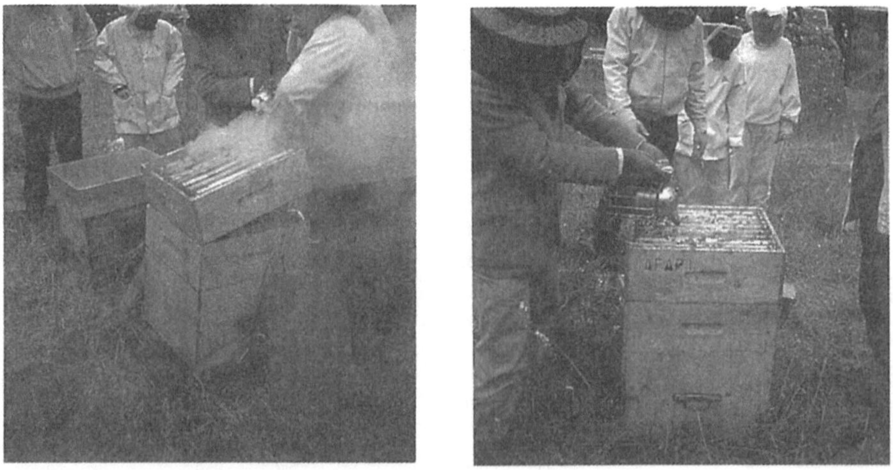

Recogida de la miel — Las alzas son retiradas

terial). La miel debe efectivamente estar bien madurada por las abejas. El apicultor debe por consiguiente asegurarse que los aportes a la colmena se han vuelto muy débiles o nulos. Comprobará entonces que caída la noche, las ventiladoras no están sobre la tabla de vuelo y que no se escucha más el zumbido característico de la colmena durante el período de maduración de la miel. Por la mañana no hay prácticamente humedad producida por la condensación sobre la tabla de vuelo.

Para proceder a la recogida, el apicultor debe estar suficientemente protegido para poder terminar toda operación emprendida en una colmena. Pase lo que pase, debe estar en condiciones de cerrar la colmena abierta antes de abandonar el terreno. Por consiguiente no debe descuidar ninguna precaución. Debiendo habituarse a trabajar con las manos desnudas, tendrá no obstante guantes en su proximidad de forma que no tenga que huir en caso de ataque importante.

En la medida de lo posible, el apicultor se acompañará de un ayudante encargado esencialmente del ahumado.

Condiciones meteorológicas

La recogida debe realizarse con buen tiempo, soleado y sin viento. El final de la mañana es el momento más propicio. La veleta al Norte o al Este es de mal pronóstico en cuento a la susceptibilidad de las abejas.

Vecindad

Los efectos de las manipulaciones intempestivas o de torpezas no tienen consecuencia sobre la vecindad si el colmenar se encuentra en plena naturaleza. Pero ello no será igual en zona urbanizada. Los vecinos serán pues eventualmente informados de tener que alejarse durante las operaciones. El tarro de miel graciosamente ofrecido después de cada recogida hace olvidar a ellos los pequeños disgustos producidos por la proximidad de vuestras abejas; es mejor que discusiones y procesos.

Material

El operador debe *disponer en todo momento:*

— de un ahumador que de un abundante humo frío;

— de un levanta-cuadros sólido y bien adaptado;

— de una caja con tapa de bisagras para poner inmediatamente al abrigo de las saqueadoras, los cuadros de miel retirados de las colmenas;

— de un cubo lleno de agua limpia para lavar las manos y el levanta-cuadros ensuciados por la miel. Una esponja permitirá limpiar todos los restos de miel alrededor de la colmena;

— de un paño para secado.

Operaciones propiamente dichas

La colmena es ahumada ligeramente por el agujero de vuelo. Cinco o seis buenas bocanadas son suficientes para poner las abejas en murmullo. La colmena no se descubrirá hasta pasado un minuto después, mientras que las abejas estarán ocupadas en hartarse de miel.

Después de ahumar, levantar el cubre-cuadros:

— retirar un cuadro en cada extremo;

— separar los cuadros restantes ahumando sin exceso. Las abejas descienden rápidamente desde que los panales son alejados uno de otro, especialmente si están bien operculados. El abandono de los panales no operculados es más laborioso;

— sacar los cuadros uno a uno haciendo caer las abejas sobre la colmena abierta. Para ello, sostener el cuadro con una mano y dar un golpe seco con la otra;

— colocar los cuadros sucesivamente en la caja para cuadros. No preocuparse de las pocas abejas que puedan permanecer sobre los panales. Se las ahuyentará antes de entrar en el local de extracción. Las últimas escaparán en este local y bastará para desembarazarse de ellas con abrir rápidamente la ventana contra la cual viene a reunirse;

— retirar el alza desprovista de cuadros y tapar rápidamente la colmena. Una vez cerrada la colmena, es necesario limpiar con la esponja todo resto de miel alrededor de ella, lavarse las manos con agua y limpiar el material antes de pasar a la colmena siguiente.

Si el colmenar comienza a agitarse, es necesario acabar el trabajo en la colmena abierta y dejar para más tarde el resto de la operación.

La brocha se cita con frecuencia como accesorio del operador. No debe utilizarse sino ocasionalmente con mucha habilidad. Su empleo no gusta apenas a las abejas y los pelos se cubren rápidamente de miel, lo que incita al saqueo. Por consiguiente se lavará y secará con mucha frecuencia.

Atención: Todo exceso de empleo del humo puede dar mal gusto a la miel. Es necesario ahumar con mucha moderación, por consiguiente lo menos posible con el fin de que la miel guarde su mejor calidad.

La miel retirada de la colmena debe estar bien madura. Esta condición se cumple cuando las celdillas están operculadas. Sucede frecuentemente que los cuadros no lo estén en su totalidad. En este caso, es preciso asegurarse de la maduración de la miel sacudiendo los cuadros por encima de la colmena. Si la miel cae, no ha madurado y los panales retirados deben dejarse en la colmena.

En principio, después de tres o cuatro días sin mielada, la miel contenida en los panales está prácticamente madura, incluso si no está operculada por completo. En cualquier caso, conviene no recoger más que los panales operculados por lo menos en las tres cuartas partes.

Recogidas importantes

Si la mielada ha sido buena, puede haber dos o tres alzas sobre una misma colmena. Es difícil para un principiante retirar tres alzas en el curso de una misma operación sin causar efervescencia. Lo más prudente es recoger las alzas una a una en días diferentes, o por lo menos dejando dos o tres horas entre cada intervención *(fotografía 14)*.

Productos químicos

Ciertos productos químicos, *esencia de mirban* en particular son muy repulsivos para las abejas y podrían utilizarse para simplificar el trabajo. Sin embargo, el empleo de estos productos es muy peligroso para el operador y constituye un peligro de contaminación para la miel. El uso de estos productos es muy desaconsejado (empleo prohibido en algunos países).

Caza-abejas

El apicultor inexperto, sobre todo si se encuentra en medio de una vecindad hostil, puede simplificar considerablemente los inconvenientes de la recogida utilizando una bandeja caza-abejas. Esta se desliza bajo el alza a recoger, un día o dos antes de la recogida que se hará entonces muy fácilmente puesto que no habrá prácticamente abejas en el alza. Esta puede ser levantada en bloque.

Inconvenientes: Es necesario, bien tener una bandeja caza-abejas por colmena en explotación, bien no recoger a la vez más que un número de alzas igual al número de bandejas que se tiene.

Pollo en al alza

En las colmenas muy fuertes, sucede con mucha frecuencia encontrar pollo en los cuadros de las alzas. Hay motivo entonces de reunirlo en una sola alza que se colocará sobre una colmena un poco débil o sobre un enjambre del año.

Saqueo en el curso de la recogida

Las abejas tienen tendencia a saquear desde que ellas huelen la miel, en particular fuera de la mielada como es el caso de la recogida. Esto implica una rapidez y una limpieza capaces por si solas de evitar este saqueo.

Si a pesar de todo se produce, detener toda manipulación y esperar que vuelva la calma para seguir. Detectar la o las colmenas saqueadas, reduciendo las entradas, colocando delante de ellas unos puñados de hierba fresca. La hierba frenará el paso de las abejas sin detener la ventilación de la colmena. Es posible marcharse del colmenar dejando la hierba en su sitio ya que ella se secará rápidamente. Desde el día siguiente, las abejas podrán pasar nuevamente.

La detención de un saqueo se facilita dando un nuevo olor a la colmena saqueada. Unas gotas de amoniaco en un vaso de agua darán una mezcla conveniente para esta finalidad. El agua se vaporizará sobre la entrada y la tabla de vuelo.

Transporte de las alzas a recoger

Si el colmenar no está próximo al lugar de extracción, las alzas deberán transportarse. A la salida, habrá con casi seguridad abejas encerradas en el vehículo. El conductor no deberá perder la cabeza ya que las abejas así encerradas apenas son peligrosas y no tienen más que un deseo, escaparse. Ellas se pegan a las lunas sin preocuparse de los ocupantes.

Sin embargo, es conveniente marchar lentamente a la salida durante unos cientos de metros, con las lunas de las ventanillas bajadas, y la cortinilla trasera levantada. Para los vehículos sin puerta trasera, detenerse a alguna distancia del colmenar y cubrir las lunas fijas (cortinas o cartones). Atraídas por la luz, las abejas huirán por las aberturas libres. El vehículo más práctico para la recogida es el furgón, cuando es posible disponer de él.

En el taller de extracción

El trabajo más agradable para el principiante comienza en el taller de extracción. La bonita miel saliendo del extractor constituirá para él la recompensa a sus esfuerzos. El material que se utiliza ha sido estudiado en el capítulo correspondiente.

Instalación

El local destinado a la extracción será lo suficientemente amplio para recibir las alzas a extraer, el material de extracción y de almacenaje, todo ello dejando una amplia facilidad de maniobra a los operadores.

En la medida de lo posible, la puerta no se abrirá directamente al exterior, las aperturas no dejarán ninguna posibilidad de paso a las abejas que inevitablemente serán atraídas por el olor de la miel.

El suelo estará si es posible, embaldosado; así, los restos de cera y de propóleo caídos sobre el suelo podrán eliminarse más fácilmente que sobre un suelo de cemento al cual se adhieren fuertemente.

El material se colocará de modo funcional, estableciéndose un circuito normal como sigue:

— alzas a extraer → desoperculación → extracción → alzas vacías.

Ejecución de los trabajos

Desoperculación

Los cuadros se desopercularán por medio de un cuchillo apropiado, ninguna celdilla debe quedar operculada. El panal, incluso si es muy grueso, debe quedar cortado al nivel de la madera del cuadro.

Pollo sobre los cuadros

Los cuadros que contienen mucha miel y poco pollo se tratarán aparte. Solamente las partes ocupadas por la miel serán desoperculadas. Para estos cuadros, el extractor se girará más lentamente. Los cuadros así extraídos son tratados con prioridad, reagrupados en una alza que se colocará sobre una colmena débil para reforzarla. Esta se beneficiará de la miel extraída incompletamente (reducir sensiblemente la entrada) y será reforzada por las abejas que nazcan.

Extracción

La extracción se hará lo más rápidamente posible después de la recuperación de los cuadros. La miel caliente corre mejor y más completamente. En caso de imposibilidad de extracción inmediata, es necesario almacenar las alzas en local cálido (25 °C si es posible). Cuando la extracción se hace con un extractor tangencial, es preferible extraer sumariamente la miel de la primera cara del cuadro dando vueltas lentamente, después volverlo a colocar para extraer totalmente la miel de la cara opuesta, por último poner el cuadro en su posición inicial para terminar la extracción. De este modo, se evitará a los panales muy pesados quedar deteriorados por la fuerza centrífuga.

Durante la instalación de los cuadros en la jaula del extractor, hay tiempo de colocarlos de modo que estén opuestos cuadros pesados y cuadros ligeros, o también no tratar durante la misma operación más que cuadros poco más o menos de forma equivalente. Procediendo de esta forma, la estabilidad del extractor no se comprometerá.

Cuando la profundidad del extractor lo permite, es bueno mantener en el fondo de el unas decenas de kilos de miel que contribuirán a la estabilidad del aparato.

Filtrado de la miel

A la salida del extractor, la miel contiene partículas de cera más o menos gruesas. Es necesario por consiguiente hacerla pasar por un tamiz que retendrá estos restos. Existen telas de fibras artificiales con mallas muy finas que permiten obtener de inmediato una miel ya muy limpia.

Maduración

Los apicultores tienen por costumbre almacenar momentáneamente la miel extraída en un recipiente llamado «madurador».

La miel no sufre ninguna maduración durante este almacenaje, puesto que su riqueza en agua permanece inalterada. Por el contrario, las partículas finas de cera pasadas a través de las mallas del tamiz suben a la superficie así como las burbujas de aire. La miel se hace perfectamente clara.

El madurador está siempre provisto en su parte inferior de una válvula de salida que permite salir la miel para su envasado en tarros o cubos, o la colocación en bidones de almacenaje.

La miel debe permanecer por lo menos diez o quince días en el madurador para que esté bien clara. Sin embargo, algunas mieles que cristalizan muy rápidas, como sucede con la de colza, no deben estar más que unos días en el madurador colocado en un local cálido. Por precaución, se aconseja colocar al lado del madurador un tarro transparente que contenga idéntica miel. De este modo es fácil seguir la evolución. Desde que comienza a enturbiarse en la muestra, se hace indispensable vaciar el madurador.

Humedad

El local donde se coloca la miel debe estar seco, ya que cuando el aire ambiental contiene más del 60 % de humedad, la miel absorbe el agua contenida en la atmósfera; aumenta así su riqueza en agua y cuando esta alcanza y rebasa el 20 %, las levaduras que puede contener inician una fermentación. Esta comienza en la superficie y, con el tiempo, afecta poco a poco a todo el conjunto.

Los tarros y bidones que contienen miel para conservar deben estar perfectamente cerrados y almacenados en un local seco, si es posible con una temperatura comprendida entre los 12 y 16 °C. De esta forma, la miel puede conservarse varios años.

Cristalización en los cuadros

Cuando la recogida no está hecha en el tiempo deseado —colza particularmente— sucede que los paneles contienen miel en parte o totalmente cristalizada. Es entonces imposible de extraer por los medios clásicos. Lo mejor es dársela a las abejas como alimento *(ver en este capítulo);* se puede también fundir el conjunto miel-cera calentando a 70-75 °C, la cera subirá a la superficie, pero la miel así calentada no responde a las condiciones impuestas para la comercialización.

La miel de brezo se encuentra generalmente en estado gelatinoso en las celdillas. Es imposible de extraer sin emulsionar previamente. Un aparato especial —la picoteadora— ha sido creada para esta necesidad, pero se trata de un material muy caro aconsejado solamente para las explotaciones importantes.

El pequeño apicultor, si no puede disponer de semejante material, podrá al menos extraer en parte esta miel, emulsionando con una brocha de pelo largo rígido. En estas condiciones, es una operación larga y dificultosa, solamente valedera para unas decenas de kilos. La extracción se hará entonces con un aparato tangencial.

Abejas en el taller

En el curso de la operación de recogida, sucede casi obligatoriamente que las abejas sean introducidas en el taller. Cuando están en número suficiente sobre los cristales, abrir rápidamente la ventana, dejar escapar las abejas y cerrar inmediatamente.

Avispas

Si las abejas son atraídas por la miel durante la extracción, la invasión de avispas es mucho más de temer ya que ellas pasan por todo, prestando rodeos insospechados para llegar al fin, y sus asaltos no cesarán más que cuando ellas tuvieran el camino cortado.

Es preciso no emplear nunca productos químicos contra las avispas en la mielería ya que estas preparaciones vendidas frecuentemente en forma de pulverizadores son por lo menos también tóxicas para las abejas y su permanencia se hace sentir mucho tiempo.

Alzas y cuadros que hayan estado en contacto con estos productos, pueden producir mortalidades después de la colocación en las colmenas. Para destruir las avispas, no queda sino la paleta de tela metálica. Con este instrumento, pueden matarse perfectamente contra las lunas.

Alzas después de la extracción

Después de la extracción, los cuadros son vueltos a colocar en las alzas, pero están con restos de miel. Será conveniente pues eliminar estos residuos antes de la colocación. Algunos colocan los panales para lamer al aire libre y dejan a las abejas hacer el trabajo. Esto es posible en pleno campo pero produce en el colmenar una tal efervescencia que no es considerable hacerlo en zona habitada. En este último caso, es preciso colocar las alzas a lamer directamente sobre las colmenas, respetando las normas siguientes:

— dar las alzas a lamer a las colonias más necesitadas;

— reducir las entradas de estas colmenas para evitar el saqueo;

— colocar las alzas por encima del cubre-cuadros preparando un paso entre el cuerpo de la colmena y las alzas;

— cerrar toda abertura que permita el paso de las abejas por un sitio distinto al que se considera en el punto anterior;

— colocar las alzas a lamer a la caída de la noche;

— no dejar más de tres alzas por colonia. Retirarlas cuando estén secas, después de varios días, al final del mediodía y apilarlas en el exterior. Volverlas a entrar con la noche caída cuando todas las abejas han abandonado los lugares.

Reutilización inmediata de las alzas extraídas

Si las alzas extraídas recientemente deben reutilizarse inmediatamente, no hay lugar para dejarlas lamer; se volveran a colocar tal como estuvieran en las colmenas, pero es necesario realizar si es posible este trabajo un poco antes de la caída de la noche de manera que se limiten los riesgos del saqueo.

Estimación de la recogida

Un cuadro de alza *Dadant* contiene aproximadamente 2 kilos de miel cuando está completamente lleno y operculado por todas partes.

El cuadro de alza *Voirnot* contiene un poco menos, el cuadro *Langstroth* 2,5 a 2,7 kilos. Un alza de 9 cuadros *Dadant* debería por consiguiente contener 18 kilos pero en realidad los cuadros de la orilla son con frecuencia un poco menos pesados y es necesario volver a la consideración de 16 kilos.

La visita de otoño y preparación de la invernada

Una de las últimas intervenciones importantes en el colmenar es la visita de otoño. Tiene por finalidad asegurarse que:

— la colonia está en perfecto estado y tiene una reina;

— es lo suficientemente fuerte para pasar sin dificultades el período de enclaustración;

— las provisiones son suficientes para pasar el invierno;

— la colmena está en buen estado y la protección de las abejas contra la lluvia, viento y enemigos está asegurada.

Epoca de la visita

La visita de otoño es indispensable; debe hacerse al principio de septiembre o mejor, a finales de agosto, excepto en las regiones donde existe una mielada tardía (caso de los brezales).

La recogida habra sido hecha previamente y son necesarios unos días de descanso después de ella para que las colonias hayan encontrado su perfecto equilibrio.

Precauciones previas

Es útil sopesar las colmenas antes de proceder a su inspección. Las más ligeras y las más pesadas son señaladas. Una tal apreciación implica una estandarización del material, a falta de la cual, a menos de disponer de un pesa-colmenas y saber la tara de cada una de ellas, los datos recogidos tienen el riesgo de ser totalmente falsos.

Organización de la visita

Considerando las estimaciones hechas como se indica anteriormente, es bueno comenzar la visita por las más ligeras. Ellas son las menos provistas, tienen el riesgo por consiguiente de ser más débiles o desfallecidas. El conocimiento de su estado desde el principio facilitará las decisiones a tomar en este sentido.

Cada colmena debe ser inspeccionada con rapidez, en su totalidad si fuera necesario. Lo esencial es constatar:

— que existe pollo de obreras, opérculos planos, lo que garantiza la presencia de una reina; ha de estar sana;

— que la población es fuerte;

— que los alimentos son suficientes.

Estimación de las provisiones

Las reservas existentes en cada colmena deben ser estimadas y anotadas. Se calcularán sobre las bases siguientes:

— una mano de adulto tapa aproximadamente 0,5 kilos de miel operculada sobre las dos caras del panal.

— los cuadros situados sobre los costados generalmente un poco más que medio llenos (las partes bajas frecuentemente vacías). Contienen entonces de 1,5 a 2,5 kilos de miel cada uno pero es necesario tener en cuenta el tipo de cuadros.

— durante la estimación, es necesario comparar la hecha visualmente y la del contenido sopesado y retener la cifra más desfavorable. No es preciso tener en cuenta el peso del polen y deducirlo si llega el caso. Hacer lo mismo para el pollo. Se trata en efecto de conocer el peso de la miel, único producto consumible de invierno para asegurar la alimentación, por consiguiente el calentamiento de la colonia.

— para que una colonia pueda invernar normalmente es indispensable una reserva de 15 kilos de provisiones. Esta es una cifra media que hay que aumentar en los países fríos o en montaña (20 kilos) o disminuir un poco en las zonas más favorables. Las colonias insuficientemente provistas recibiran un complemento.

Notas a tomar

Durante la inspección, diversas informaciones deben anotarse con el fin de poder remitirse a ellos llegado el caso:

— informaciones referentes al estado de la colonia (fuerza, presencia o ausencia de pollo, importancia del mismo, estado sanitario circunstancialmente).

— situación de las reservas, peso estimado, alimentación a aportar.

— informaciones complementarias diversas, estado del material, intervención a realizar, etc.

Durante esta última gran inspección, el principiante puede encontrar diversos casos que parecen anormales. Los principales son los siguientes:

Anomalías constatadas durante la visita

Ausencia de pollo

La ausencia es total o casi en todas las colmenas. Por consiguiente las condiciones exteriores están en juego: largo período de tiempo desfavorable, sequía, frío, lluvias incesantes. Las entradas de polen son nulas. Las colonias en su conjunto cesan en su cría. Basta con distribuir a cada una 2 ó 3 veces 1 litro de jarabe de azúcar con 3 días de intervalo para que la puesta sea reemprendida. Diez días más tarde, debería haber allí pollo por todas partes.

Una o algunas colmenas no tienen pollo a pesar de una época favorable. Es necesario estimularlas como se indica anteriormente y seguir su evolución. Las colmenas que, después de 10 días no hayan proseguido su cría sin que el apicultor haya constatado la presencia de celdillas reales, deben considerarse como huérfanas (reina verosímilmente substituida por las abejas y perdida o destruida durante el vuelo de fecundación).

Si la colonia es muy fuerte aún, es preciso introducir en los plazos más breves una reina dispuesta para la puesta. Si ella es débil, reunirla con otra ya que es demasiado tarde para que emprendan una cría real.

Colmena zumbadora

No hay en la colmena más que pollo disperso y abombado. Solo nacen pequeños zánganos. Es prácticamente imposible de salvar una colonia semejante en septiembre. Todas las abejas tienen mucha edad y morirán antes o durante el invierno. Incluso introduciendo una reina fecundada, la población a invernar estará demasiado débil. Lo mejor es por consiguiente reunirla con otra.

Falsa polilla en la colmena

Si se comprueba la existencia de falsa polilla, es que la colonia es muy débil y no se defiende contra este parásito. La reina es verdaderamente vieja o deficiente. Es necesario reemplazarla urgentemente si la colonia vale la pena, y dar un alimento estimulante, es decir 1 litro de jarabe dos o tres veces por semana durante un mes para relanzar bien la cría.

Alimentación

Habiendo sido estimadas demasiado débiles las provisiones durante la visita de otoño, hay que dar urgentemente la alimentación complementaria indispensable.

Composición del jarabe

El jarabe distribuido estará siempre compuesto por 1 litro de agua por 1 kilo de azúcar:

— un jarabe demasiado pobre (mucha agua) exige un trabajo de evaporación muy importante;

— un jarabe rico es agotador para el organismo de la abeja. El trabajo de transformación de sacarosa en glucosa y levulosa se realiza con más dificultad. Es este un error grave el dar un jarabe muy concentrado creyendo simplificar el trabajo de las abejas.

Cantidad a dar

La cantidad de jarabe a dar debe tener en cuenta las reservas existentes en la colmena, pero también la cantidad de agua que tiene el jarabe. Es el peso del azúcar lo que debe tomarse como base de cálculo y no el peso del jarabe. El agua se evaporará, no quedando prácticamente más que el azúcar en la colmena.

Ejemplo: para una colmena que tenga 6 kilos de reservas es necesario completar a 15 kilos dando 9 kilos de azúcar, es decir 18 kilos de jarabe. Quedará claro está un 18-20 % de agua en el azúcar transformado y almacenado, pero este trabajo va a exigir en contrapartida un consumo sensiblemente equivalente. Además, la alimentación ocasiona siempre una vuelta a la puesta en la reina y esta cría necesita un consumo suplementario.

Distribución

La distribución del jarabe de alimentación con vistas a la invernada debe hacerse masivamente y puede llegar hasta los 7 u 8 kilos por distribución. Las buenas colonias deben tomar este jarabe en 24 ó 48 horas. Las que toman el jarabe con lentitud, son débiles o están huérfanas; deben por consiguiente ser inspeccionadas desde que el tiempo lo permita con el fin de tomar a su debido tiempo las medidas que se imponen. Las noches pueden ser frías, hay motivo para proteger bien los alimentos con el fin de permitir a las abejas trabajar rápidamente en las mejores condiciones.

Importancia de la época de alimentación

La transformación del azúcar con vistas al almacenamiento exige un esfuerzo muy grande al organismo de la abeja. Las obreras que efectuan esta tarea estarán muy disminuidas físicamente al terminar y no pasarán el invierno. Por esta razón, son las abejas nacidas durante el verano quienes deben hacerla, ya que de todas formas no están hechas para invernar. Haciendo esto, ellas evitaran a las abejas jóvenes fatigarse. Es por esto por lo que, el jarabe dado en alimentación para el invierno debe distribuirse muy pronto a las abejas, y en todo caso antes del 10 de septiembre en las regiones del Centro. Distribuir este jarabe más tarde es comprometer el desarrollo de la colonia en la primavera siguiente, sobre todo si un otoño frío detiene la cría.

Aditivos en el jarabe

El trabajo de transformación del azúcar por las abejas puede facilitarse añadiendo al jarabe:

— bien una cucharada sopera de vinagre de sidra por kilo de azúcar;

— bien un gramo de cremor tártaro.

Para que esta adición sea eficaz, es necesario que el jarabe esté a más de 60 °C, temperatura indispensable para la acción de estos aditivos.

Javelización

Con el fin de evitar la fermentación del jarabe en el alimentador, lo cual se produce si la toma del alimento se hace muy lentamente (enfriamiento de la tempe-

Distribución de jarabe a una colonia falta de reservas para el invierno

ratura externa, colonia poco populosa, etc.), es necesario añadir lejía al jarabe a razón de una cucharada sopera por cada 5 litros. Esta adición, que impide toda fermentación, no perjudica en nada a las abejas.

Productos de alimentación

Existen en el mercado productos de alimentación fabricados industrialmente a partir de otros elementos como el azúcar de remolacha. Antes de generalizar el empleo en el colmenar, es bueno realizar ensayos con el fin de medir las ventajas o los inconvenientes, así como la incidencia financiera.

Empleo de cuadros conteniendo miel cristalizada

Los cuadros puestos en reserva en el momento de la recogida porque contienen miel cristalizada, por consiguiente imposible de extraer, pueden emplearse para la alimentación de invierno. Para hacerlo:

— abrir el agujero de alimentación del cubre-cuadros o preparar un paso;

— colocar un alza vacía por encima de la colonia;

— disponer en esta alza el número de cuadros correspondiente al complemento de provisiones a dar a la colonia, peso del contenido estimado.

Estos cuadros habrán sido previamente desoperculados y su superficie humedecida en el momento de la colocación.

Esta operación se hace por la tarde, al caer la noche. Las abejas vendrán a recuperar esta miel y la bajarán al cuerpo de la colmena.

Es posible introducir dos o tres de estos cuadros en la colmena, en substitución de los cuadros de las orillas. En este caso, no hay necesidad de desopercular; las abejas se encargarán de transportar la miel a su alcance cuando la necesidad se haga sentir. Si se trata de cuadros de alzas así instalados en el cuerpo de la colmena, será necesario reemplazarlos por cuadros grandes, muy pronto en primavera, antes de que sean ocupados por el pollo.

Invernada

Condiciones

La puesta en invernada de las colmenas es el último trabajo del apicultor en otoño. La buena invernada de una colonia implica:

Colonias populosas en buen estado

Las colonias demasiado débiles no pasarán el invierno o saldrán de él tan disminuidas que la estación entera que sigue les será indispensable para su recuperación.

Las colonias invernantes deben tener muchas abejas jóvenes en otoño, ya que son ellas las que aseguran la cría de la primera generación, de otro modo la colonia tendrá una arrancada difícil. Es por ello por lo que se aconseja estimular en septiembre la puesta de la reina si ello se considerase necesario y si las condiciones externas lo permiten.

Provisiones suficientes

No se insistirá nunca bastante sobre este punto que es fundamental:

— muchas provisiones: las abejas se sienten seguras y crían abundantemente en primavera. Buena arrancada, por consiguiente buena recogida en perspectiva;

— pocas provisiones: las abejas sienten la precariedad de su habituallamiento y crían muy poco. Arrancada lenta, recogida incierta.

Colmena protegida del frío, viento y humedad

El frío, el viento y la humedad son los tres enemigos principales de las abejas en la invernada *(fotografía 15).*

Las abejas agrupadas en colonias están organizadas para resistir el frío, a condición que esta resistencia forme parte de la experiencia ancestral. Esto quiere decir que las abejas habituadas a vivir en países cálidos serán incapaces de pasar un invierno en países fríos sin sufrir perjuicios más o menos importantes. Algunas razas son incapaces de permanecer encerradas varios meses y mueren rápidamente. Por el contrario, existen abejas que invernan muy bien porque ellas tienen adquirida la experiencia necesaria y poseen los medios psicológicos que se han hecho indispensables para una situación semejante. Muchas decepciones registradas estos últimos años se habrían evitado en gran parte si se hubieran respetado estos principios.

Sin embargo, incluso habituadas al invierno, las abejas se portarán tanto mejor cuando ellas sean ayudadas por el apicultor en su vida invernal. Esta ayuda consistirá en evitar las pérdidas de calor demasiado grandes. El racimo invernante produce el calor indispensable para su supervivencia consumiendo miel, por consiguiente:

— cuanto más pequeño es el racimo, más difícil le resulta guardar su calor;

— cuanto más intenso es el frío, el gasto de energía será más importante;

— cuanto más protegido del frío está el racimo, menos tendrá que consumir. La calorifugación de la colmena es por consiguiente válida en particular en lo que concierne a los bajos de la colmena. En efecto, la abertura del agujero de vuelo hace bastante aleatoria la eficacia de las dobles paredes. Por el contrario, la reducción del volumen ocupado en la colmena por las abejas es aconsejable, y la utilización de particiones puede ayudarlas a condición que la parte libre situada entre esta y la pared esté rellena por papel arrugado, trapos o cualquiera otra materia aislante.

El viento aumenta considerablemente las pérdidas de calor: viento alrededor de la colmena o movimientos de aire que él produce en el interior de la misma. La instalación de las colmenas debe pues tener en cuenta estos inconvenientes, y si es necesario se colocarán invernáculos (empalizadas, setos vivos o secos, etc.).

La humedad es sin duda el enemigo más pernicioso de las abejas. La respiración del racimo invernante es generadora de vapor de agua que se condensa sobre las paredes interiores y sobre los panales de los extremos a los que hace enmohecer. La vuelta de la cría del pollo al final del invierno acentúa este fenómeno. Algunos lo remedian colocando en el piso una gran abertura con rejilla. Al hacerlo, aumentan el enfriamiento por circulación de aire.

La instalación de la colmena puede influenciar grandemente la presencia de humedad en el interior. Una colmena colocada en el mismo suelo, o demasiado cerca de él o sobre la hierba del entorno será muy húmeda. Es necesario recordar que el aire debe circular libremente entre la colmena y el suelo. Un espacio de 30 cm constituye un mínimo.

Un descanso no perturbado

Todo golpe contra la colmena, todo desorden del racimo invernante ocasiona una reacción inmediata: las abejas se ponen en murmullo y, si el transtorno persiste, se disocian del racimo para atiborrarse de miel. El consumo aumenta. Una repetición frecuente del fenómeno ocasiona una obstrucción rápida del intestino con los problemas habituales: diarrea y nosemosis pueden ser la consecuencia.

El apicultor debe pues tomar todas las precauciones útiles para que sus abejas no sean molestadas.

Entre las posibles perturbaciones externas, señalemos:

— los pájaros: pico verdes, paros;

— distintos animales, desde el lirón al jabalí pasando por los ratones que encuentran en la colmena un buen abrigo;

— los intrusos y curiosos *(ver Capítulo X).*

A ello, es preciso añadir algunas perturbaciones provocadas por el entorno:

— ramas sacudidas por el viento y golpeando sobre las colmenas;

— gotas de agua cayendo sobre el techo;

— fuertes vibraciones producidas por el paso de vehículos pesados, etc.

Una colonia en buen estado y bien protegida debe pasar el invierno en buenas condiciones.

Visitas de invierno

En invierno, el apicultor debe visitar el colmenar:

— periódicamente para ver si todo está en orden y si alguna intrusión ha venido a perturbar las colonias;

— cada vez que las condiciones externas hagan esta visita necesaria: tempestad con riesgo de descubrir las colmenas, caídas de nieve muy importantes, lluvias excesivas, peligros de inundaciones, etc.;

— cuando pueda, a cada mejoría de la temperatura que permita la salida de las abejas. Durante estas mejorías, las obreras salen para realizar su vuelo de limpieza; ellas evacúan los cadáveres de abejas muertas en la colmena. El examen del suelo en los alrededores de las colmenas dará una idea bastante exacta de la situación sanitaria del colmenar *(ver Capítulo XI «Policía sanitaria»).*

VI La cría en la colmena

Este capítulo está voluntariamente limitado a algunas manipulaciones relativamente sencillas, al alcance de un apicultor poco experimentado. La obra «*Sélection et élevage des reines - essaimage artificiel*» trata solamente del desarrollo completo de las teorías y prácticas de cría.

Multiplicación de las colonias

La multiplicación de las colonias debe ser una operación realizada normalmente en el colmenar, incluso para un principiante. Permite, en efecto, aumentar el colmenar sin recurrir a las compras y sin esperar la muy aleatoria enjambrazón natural.

La forma más sencilla de aumentar el número de estas colonias es practicar la enjambrazón artificial. Es una operación fácil a condición de tomar algunas precauciones indispensables.

Los métodos pueden variar. Nosotros indicaremos el más sencillo consistente en dividir una colonia en dos. Existen muchos otros, pero requieren una mayor experiencia.

Enjambrazón artificial

Una de las técnicas de la enjambrazón artificial consiste en separar una colonia en dos partes sensiblemente iguales. Esta operación puede hacerse con o sin búsqueda de la reina, según las posibilidades del apicultor.

Material necesario

— dos colmenitas: en su defecto, una o dos colmenas con particiones para reducir a 6 ó 7 cuadros el emplazamiento ocupado por las abejas según el método utilizado;

— dos cuadros construidos si es posible.

Elección de la colonia a dividir

Se recomienda tomar por matriz a dividir la mejor colonia del colmenar. En efecto, las calidades que ella presente se encontrarán, por lo menos en parte, en sus descendientes, tanto como se encontrarán los defectos al elegir una colonia con base deficiente.

La elección de la colonia se efectuará según las indicaciones dadas en la página 136 y siguientes: *La selección.*

Epoca de la cría

El período más favorable para el éxito de la enjambrazón artificial se sitúa en primavera o al principio del verano, es decir, la de plena actividad de las abejas. Puede variar en función de la región. Esta operación debe ser hecha suficientemente pronto:

— para que las reinas jóvenes puedan ser fecundadas en buenas condiciones, es decir, antes de la expulsión de los machos por las abejas;

— para que las colonias creadas tengan la posibilidad de desarrollarse suficientemente antes de la invernada.

Método sin búsqueda de la reina

Es posible efectuar una división de la colonia sin búsqueda de la reina. La operación es fácilmente realizable por medio de ciertas precauciones, a saber:

1.º) una de las dos nuevas colonias debe obligatoriamente ser transportada a varios kilómetros (mínimo 3 a 4 km);

2.º) este transporte debe hacerse inmediatamente terminada la división;

3.º) las dos colonias deben obligatoriamente contener cuadros de cría con huevos o pollo naciente.

Esta precaución debe permitir a la nueva familia en la cual no hay reina el criar una.

4.º) la operación debe ser hecha con mucha rapidez con el fin de que la colonia huérfana no tenga tiempo de darse cuenta de esta situación. Una gran parte de las abejas se arriesgaría entonces a abandonar la colmena para reunirse con la que tenía reina, lo que pondría en peligro el éxito de la operación.

La colmena a transportar, tenga o no la reina, se cerrará inmediatamente después de la partición de los cuadros y las abejas, trasladándola a continuación.

Forma de proceder

Tomar una colmena vacía, con particiones reduciendo su volumen a la mitad del número de cuadros contenidos en la colonia a dividir e instalarla, provisionalmente, al lado de aquella, de manera que se pueda colocar con facilidad los cuadros en su interior.

Ahumar muy ligeramente la colonia matriz por la entrada para poner las abejas en murmullo. Después de un minuto, abrir la colmena, utilizando lo menos posible el ahumador.

Tomar el primer cuadro de la orilla, que contiene generalmente miel, e instalarlo con las abejas que lo cubran en la colmena vacía.

Hacer lo mismo con los 4 ó 5 cuadros siguientes procediendo con mucha rapidez, sin sacudir las abejas ocupantes. No modificar el orden, ni el sentido. Deben quedar situados exactamente como estaban en la colmena matriz.

Terminada esta transferencia, añadir el cuadro construido que se coloca junto al último cuadro transferido, el cual debe normalmente contener pollo, y colocar inmediatamente una partición.

Igualmente, para la colonia matriz, colocar un cuadro construido en el lugar del último cuadro retirado y poner una partición para limitar el volumen despoblado. Cerrar la colmena matriz con vistas al transporte y retirarla de su emplazamiento.

Instalar la colmena nuevamente poblada en el sitio de la matriz que acaba de ser retirada.

Transportar la colmena matriz a una distancia mínima de 3 a 4 kilómetros.

Por la tarde, distribuir a cada una de las dos colonias un complemento que contenga 1 litro de jarabe (1 kilo de azúcar en 1 litro de agua) para repartir entre las dos.

La operación ha terminado.

Observaciones

En numerosos casos, la manipulación se hará con lentitud y la reina que habrá tenido tiempo de huir hacia el fondo de la colmena permanecerá en la matriz. Igualmente, numerosas abejas se refugiarán en la aparte ocupada por los cuadros no manipulados. El reparto de las abejas tiene el riesgo por consiguiente de ser desigual en beneficio de la colonia matriz. Ella es por consiguiente, al principio, un poco más fuerte que la otra mitad. Resistirá fácilmente el desplazamiento.

La colmena nuevamente poblada se colocará en el emplazamiento de la matriz; recibirá las libadoras que estaban en los campos y esto restablecerá el equilibrio.

Es preciso cuidar el que los cuadros de pollo queden repartidos por igual (pollo abierto y operculado), e igualmente para los cuadros que contienen los alimentos.

Después de cinco días: visitar la colonia segregada en su sitio.

O bien la reina ha sido transferida y entonces contiene huevos y larvas jóvenes, o bien está huérfana, y en este caso las celdillas han sido construidas. Se aconseja entonces apreciar el número de las que podrían utilizarse si se presenta el caso en otras colonias.

Retorno al colmenar de la matriz: este retorno puede hacerse después de una desambientación de 25 a 30 días.

Invernada de las nuevas colonias

Las dos familias nuevamente creadas serán alimentadas al final del verano si sus provisiones no son suficientes (15 kg mínimo).

Método con búsqueda de la reina (sin transporte)

Este método de partición en dos puede realizarse sin desplazamiento de una de las dos colmenas a gran distancia. En este caso, debe retirarse la reina.

Precauciones a tomar

— la utilización de dos colmenas vacías o de dos colmenitas es indispensable ya que cada uno de los dos enjambres no debe ocupar la antigua colmena;

— la reina debe ser obligatoriamente encontrada y retirada, sin lo cual la división está destinada al fracaso. En el caso en que el apicultor no haya podido encontrar la reina, debe abandonar la operación y colocar todo como estaba al principio. Por la razón siguiente: si uno de los dos enjambres, los cuales van a quedar uno cerca del otro, contiene la reina, casi todas las abejas retornarán a él. El pollo y algunas abejas jóvenes permanecerán en la familia desprovista de reina. Este pollo se enfriará y perecerá falto de cuidados. Las abejas jóvenes, que queden, serán incapaces de criar una reina o de defender la colmena que quedará inevitablemente saqueada.

Resultado: una sola colonia debilitada por pérdida de la mitad de su pollo.

— la partición de los cuadros (huevo, pollo abierto u operculado), las provisiones y las abejas jóvenes, debe hacerse de modo tan equilibrado como sea posible.

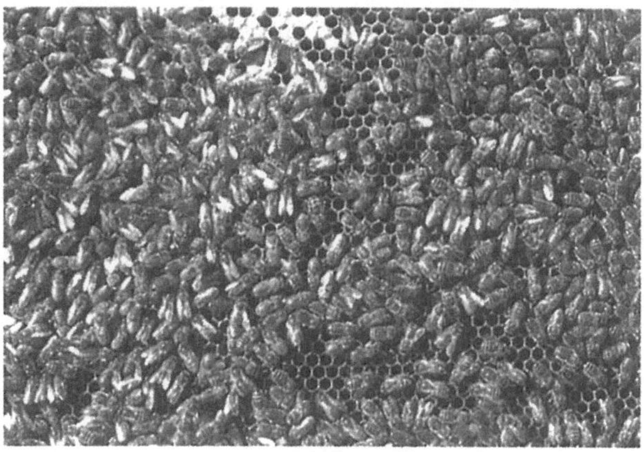

Entre todo este mundo, buscad la reina

Forma de proceder (esquema A)

La colmena matriz **A** es apartada lo suficientemente para que las dos colmenitas, o colmenas **B** y **C** puedan ser colocadas sobre el antiguo emplazamiento. Estas últimas son colocadas a uno y otro lado, las planchas de vuelo formarán un ángulo de 90 a 120 ° *(ver croquis).*

Coger los cuadros como se describe en el método precedente y repartirlos entre las dos colonias nuevas.

Las abejas que permanezcan en la colonia matriz son sacudidas a un metro aproximadamente delante de las dos colmenas.

Particularidad

Este método es aplicable si se divide una colonia anteriormente huérfana y que haya emprendido una cría real. En este caso cada enjambre debe recibir por lo menos una celdilla real.

Ello es igualmente aplicable por el apicultor que disponga de celdillas reales. Una celdilla entonces se injerta en cada colmena creada nuevamente, o bien se añade un cuadro portador de celdillas reales.

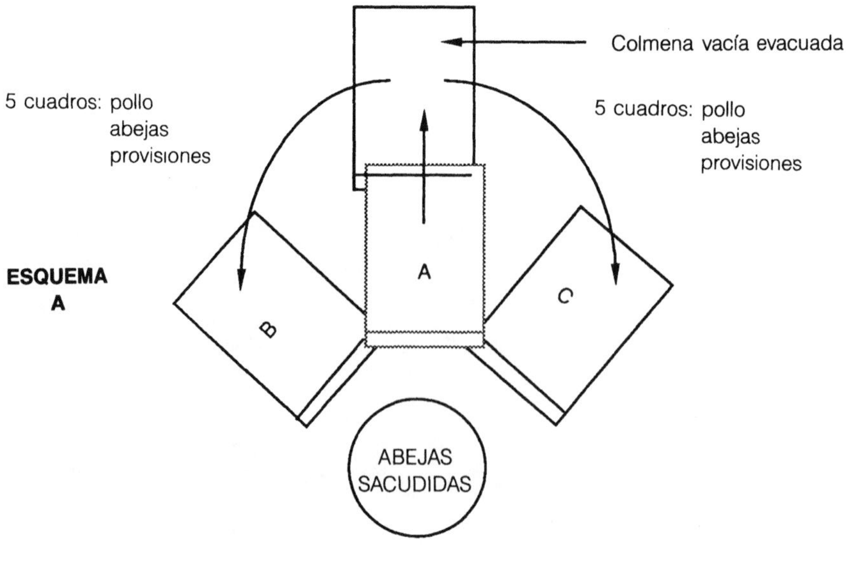

ESQUEMA A

Otro método sin búsqueda de la reina

Siendo la reina difícil de encontrar para el que debuta en la apicultura, un método de enjambrazón artificial concilia los dos precedentes, a saber, crear, en el colmenar mismo, un enjambre artificial sin tener que hacer manipulaciones complicadas.

En este caso, se emplearán dos colonias, una de ellas proveerá los cuadros de pollo, la otra legará una parte de sus abejas.

Forma de proceder (esquema B)

Elegir una buena colonia **A** bien poblada que suministrará las abejas, escoger igualmente una colonia **B**, que tenga las mayores calidades posibles *(ver selección)*, que dará unos cuadros de pollo. Preparar una colmena vacía **C** que tenga de 6 a 8 cuadros si es posible construidos.

1.º) Tomar la colmena vacía **C** y colocarla en la proximidad de la colmena **A**; ponerla, de 4 a 6 cuadros, construidos si es posible, dejando en el centro sitio para 3 ó 4 cuadros.

2.º) Abrir la colmena **B** que va a dar el pollo. Retirar 3 a 4 cuadros provistos de pollo abierto (con huevos o larvas nacientes) y operculado. Retirar todas las abejas. Colocar estos cuadros en el emplazamiento que se dejó libre en **C**. La colmena **B** puede estar alejada de **A**, pero esto no tiene importancia puesto que ella no suministrará sino los cuadros de pollo sin abejas.

ESQUEMA B

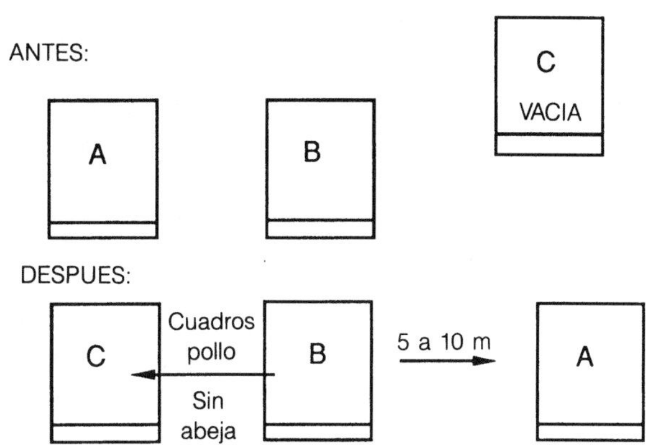

3.º) Coger la colmena **A** y desplazarla muchos metros, sin abrirla y colocar a su lado la colmena **C** que contiene el pollo y está vacía de abejas. Las libadoras de la colmena **A** vienen a su emplazamiento habitual y poblarán la colmena **C**. Con la ayuda de las abejas nacientes, criarán una reina joven.

Es igualmente posible; bien introducir en la nueva colonia un cuadro con celdilla real, bien insertar una celdilla real procedente de una colmena escogida para hacer esta cría. En este caso, los cuadros de pollo que servirán para constituir esta nueva colonia pueden proceder de colonias cualesquiera puesto que ellos no están destinados a la cría de una reina.

Precauciones a tomar

Esta operación debe hacerse en el buen tiempo, cuando muchas de las libadoras están en el trabajo, de manera que la población procedente de «A» sea relativamente importante. Las abejas así transferidas deben estar en número suficiente para cubrir y alimentar el pollo instalado en «C».

Para facilitar el éxito, es bueno colocar a una y otra parte de los 3 cuadros de pollo, un cuadro que contenga miel y polen. Los dos cuadros a utilizar de este modo pueden ser retirados de otras colmenas, habiendo sacudido o cepillado las abejas.

A recordar: ***es preciso no dividir sino las colonias muy fuertes.***

La cría de reinas

La cría racional de reinas se efectúa corrientemente por los apicultores-criadores especializados. Se necesita un material apropiado y requiere buenos conocimientos. Implica el empleo de cúpulas artificiales y el traspaso de larvas muy jóvenes, manipulación muy delicada que requiere una gran experiencia. Esto no es por consiguiente posible sino cuando el apicultor domine bien todas las técnicas de explotación y manipule sus abejas con gran facilidad, momento en el que podrá considerar proceder a la cría de reinas. Informándose entonces en las obras especializadas.

No obstante, por ser rentable, un colmenar, incluso constituido por unas colonias solamente, debe ser bien llevado y el reemplazo sistemático de las reinas se hace necesario.

Teniendo en cuenta las pequeñas necesidades, el apicultor puede:

— bien criar el mismo las reinas necesarias empleando un método muy sencillo;

— bien comprarlas a un criador prestigioso de su región.

Método simplificado

La técnica consistirá en dejar huérfana la colmena antes de criar, y en utilizar las celdillas naturales que allí estarán construidas.

Recordemos que la colonia a elegir debe ser la mejor del colmenar, puesto que son sus cualidades las que se buscan con vistas a ser transmitidas a las colonias a dotar de nueva reina.

Epoca de la cría

La cría puede efectuarse en todo momento entre abril y agosto, pero el período más favorable se sitúa en el momento de la mielada principal, después del período normal de enjambrazón. En efecto, para que las celdillas sean numerosas y las larvas estén bien nutridas, es necesario que haya muchas abejas jóvenes y un aporte abundante de alimento.

Operaciones a realizar

— 1.er día, búsqueda de la reina.

La colonia criadora debe estar huérfana. La reina por consiguiente debe ser retirada obligatoriamente. Como se trata de una reina de elección, no debe suprimirse, sino alojarla en una colmenita con un cuadro de pollo y otro cuadro de alimento así como con las abejas que los cubrían. Esta colmenita se la desplazará a gran distancia, y se la alimentará, ya que siendo poco numerosas, es incapaz de cubrir sus necesidades.

La búsqueda de la reina por inspección de los cuadros exige una cierta destreza y una gran práctica. Es por esto por lo que, el principiante deberá recurrir a la rejilla para reina. Esta puede utilizarse como sigue:

— colocar un alza que contenga cuadros construidos (secos, sin miel) sobre la colmena descubierta y volver a colocar la tapa sobre el alza. Ahumar abundantemente durante cuatro o cinco minutos por el agujero de vuelo dando repetidamente pequeños golpes sobre la colmena (golpeteo).

Levantar el alza y deslizar la rejilla para reina entre aquella y el cuerpo de la colmena. Quitar la tapa cubrecuadros y sacudir uno a uno los cuadros del alza sobre la rejilla al retirarlos. Las abejas descienden en la colmena a través de la rejilla para reina, y solamente permanecerán encima los zánganos y la reina.

Este método es sencillo, pero algunas reinas permanecen obstinadamente en el cuerpo de la colmena y la operación ha de volver a repetirse.

Se puede igualmente colocar una rejilla para reinas sobre una colmena vacía y coronar esta rejilla con un alza desprovista de cuadros. Todos los cuadros serán sacudidos encima de la rejilla. Las abejas descenderán a través de esta y, allí también, los zánganos y la reina permanecerán encima.

Hay que señalar que la reina puede permanecer escondida en un rincón de su colmena y entonces será necesario buscarla.

Después de la operación, los cuadros de la colmena, momentáneamente retirados se volverán a colocar en el mismo orden en que estaban y las abejas volcadas delante de las colmenas.

Después de una manipulación semejante a la colonia en total desarrollo, es indispensable reducir la entrada para evitar todo saqueo.

Preparación del cuadro de cría

Las abejas huérfanas emprenderán la construcción de celdillas reales donde ellas lo juzguen oportuno. Sin embargo, se puede guiar su elección recortando el bajo

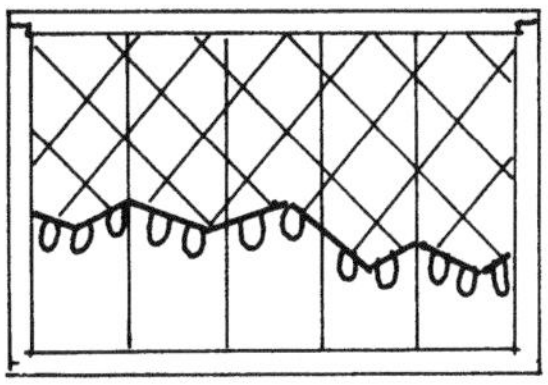

de un cuadro que tenga pollo muy joven *(ver croquis)*. Las abejas disponiendo de espacio para la construcción lo utilizarán entonces más fácilmente, y el recorte de las celdillas con vistas a su transferencia se facilitará.

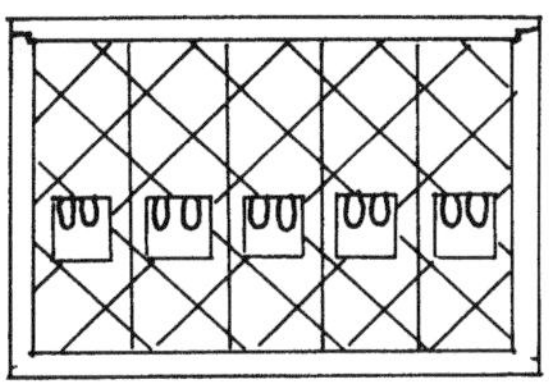

Control en el curso de la cría

Tres o cuatro días después de la cría, se procederá a una rápida visita de la colonia, con el fin de verificar la buena marcha de la cría y de controlar el número de celdillas que puedan ulteriormente utilizarse teniendo en cuenta las posibles destrucciones durante los recortes.

Si las celdillas son muy numerosas, una parte podrá suprimirse con el fin de obtener las larvas mejor alimentadas entre las demás. En esta eventualidad, las celdillas que deben conservarse serán:

— las mejor situadas para la toma;

— aquellas que tengan sensiblemente la misma edad y que, por este hecho, serán utilizables al mismo tiempo.

La jalea real contenida en las celdillas suprimidas podrá recuperarse por el operador.

Las celdillas operculadas pueden utilizarse el décimo día después de la orfandad.

Nota muy importante

La reina nace el decimosexto día siguiente a la puesta del huevo sirviendo para su cría. Las abejas pueden tomar para ello una larva de uno o dos días en el momento de la orfandad, lo que tendrá por consecuencia el que nazca la primera reina diez días después de esta operación.

La primera reina al nacer destruye enseguida todas las demás celdillas reales. Por esta circunstancia, la toma debe realizarse antes de este nacimiento si es que se ha considerado la utilización de esas celdillas. Cualquier retraso, incluso poco importante, puede comprometer el éxito de la operación.

Zánganos

Es deseable hacer criar los zánganos muy pronto en primavera introduciendo en una colmena vigorosa un cuadro con celdillas grandes. En esta eventualidad, colocar el cuadro, que está vacío, contra el nido del pollo y alimentar durante unos días (1/2 a 1 litro de jarabe cada dos días). Esta operación debe realizarse 40 ó 45 días antes de la fecha prevista del nacimiento de las reinas.

Utilización de las celdillas reales

La utilización de las celdillas reales construidas por las abejas directamente sobre los cuadros es perfectamente realizable. Se trata entonces de la simple transferencia de un trozo de panal que lleve una celdilla real *(fotografías 16 y 17).*

Aunque este trabajo parece muy fácil, hay que tomar unas precauciones:

1.º) Tomar trozos de panal suficientemente grandes con por lo menos tres filas de celdillas de obreras alrededor de la celdilla real, ya que toda celdilla real deteriorada es destruida por las abejas.

2.º) Evitar los cortes a nivel de los hilos de armadura de los cuadros *(figura 1).*

3.º) No dejar las celdillas cortadas demasiado tiempo al aire frío - realizar el trabajo lo más rápidamente posible.

4.º) No empujar, invertir, dejar caer una celdilla real. Depositar los trozos de panal cortados en una caja colocándolos en el sentido de origen.

5.º) Proceder a la inserción recortando en un cuadro de la colmena receptora un hueco de forma semejante al trozo a insertar; este hueco se hará ligeramente por encima del centro del cuadro elegido, el cual tendrá obligatoriamente pollo. Introducir el fragmento sin forzar y sobretodo sin hundir o desfondar la o las celdillas reales. Colocarlo bastante hacia atrás en relación a la superficie del cuadro.

6.º) Colocar el cuadro insertado en el centro de la colmena receptora, entre dos cuadros de pollo, poniendo

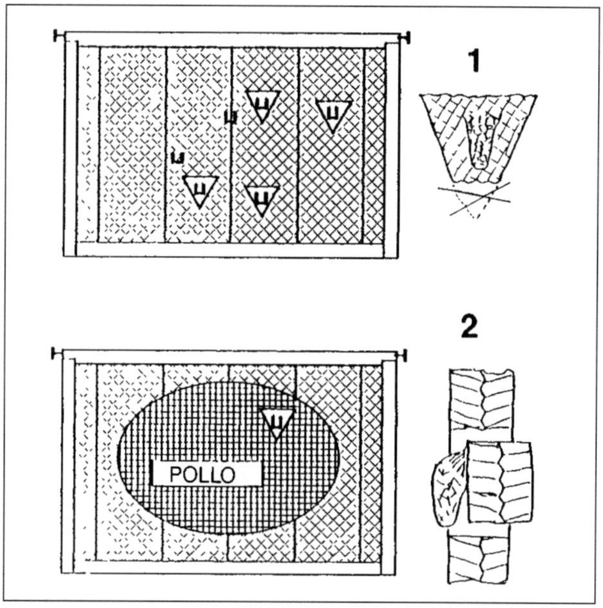

Inserción de una celdilla real
1) Toma
2) Colocación

mucha atención de no enganchar la celdilla al colocar el cuadro en su sitio.

7.º) No transferir más que las celdillas operculadas. Esta transferencia se hará:

— bien a continuación de la operculación de la celdilla;

— bien dos días a lo sumo, antes del nacimiento de la reina (noveno día después de la operculación). En el período intermedio, la ninfa es muy frágil, y toda manipulación brusca intempestiva puede dar lugar a una malformación, o muerte de la reina antes del nacimiento.

8.º) Se trata de una advertencia. Toda introducción de una celdilla real en una colmena que tenga una reina está abocado al fracaso. Solamente una colonia huérfana después de una hora por lo menos es susceptible de aceptar bien la celdilla insertada, pero no es preciso esperar que las abejas hayan emprendido su propia cría.

Control de inserción

La colonia en curso de ser dotada de una nueva reina debe ser perturbada lo menos posible. Toda visita inoportuna puede hacer fracasar esta operación.

El control se efectuará diez o doce días después de la inserción. En este momento la reina debe ser fecundada y comenzar su puesta. Sin embargo, si a consecuencia de circunstancias atmosféricas desfavorables (tiempo lluvioso, temperatura demasiado baja), la reina ha debido retrasar su salida para hacerse fecundar, el plazo de inicio de la puesta puede alcanzar los veinte o veinticinco días.

No intentar el ver una reina joven en los primeros días de su nacimiento. Ella puede escaparse y perderse. Además para un apicultor no habituado, es muy poco diferenciable de las otras abejas.

Introducción de las reinas

Las reinas compradas a un criador deben introducirse en su nueva colonia respetando ciertas reglas:

1.º) La colmena receptora debe haber quedado huérfana en el momento de la introducción de la nueva reina;

2.º) La reina recibida debe estar en perfecto estado. Toda reina recibida después de 3 ó 4 días de viaje corre el riesgo de no ser aceptada por la colonia que, entonces, emprenderá una cría sobre su pollo;

3.º) La reina debe ser introducida en la colmena por medio de su jaulita de expedición, la cual está concebida con este fin. Para las jaulitas de expedición de plástico, quitar la lengüeta de protección de candi antes de la colocación en la colmena. Cuando se trata de jaulitas de madera:

— desprender el tamiz que se encuentra sobre la parte de la jaula cubierta de candi, sin quitar el cartón;

— dar unos pinchazos o con la punta de un cuchillo en el cartón, para incitar a las abejas de la colmena a romperlo y a tomar el candi;

— colocar la jaulita en un hueco del mismo tamaño, tallado en un cuadro de pollo en el centro de la colmena, y vigilar que el candi se encuentre en el bajo. Esta precaución evitará que el candi corra el riesgo de ablandarse con el calor de la colmena, de gotear atascando a la reina, lo cual provocaría su muerte.

4.º) No debe hacerse ninguna visita en los 8 ó 10 días siguientes, pues una reina extraña para la colmena, recientemente salida de su jaulita, puede ser rodeada por las abejas y matada en caso de manipulación intempestiva.

Marcaje de la reina

Para facilitar la búsqueda de la reina durante operaciones ulteriores (orfandad, reemplazo, etc.), es conveniente marcarla.

El marcaje puede hacerse con una pintura especial de secado rápido (disolvente acetona), aplicada sobre la parte superior del tórax. Esta pintura se aplica bien con un pincelito o con un palito.

Igualmente es posible marcar las reinas con la ayuda de pastillas de color, fijadas con pegamento sobre la parte superior del tórax. Los equipos de marcado se encuentran en los comercios especializados.

Para el marcado, la reina puede sujetarse con la mano o bloquearla contra un tamiz en un aparatito especial que permite su inmovilización durante la operación. Considerando la dificultad de la misma para un novicio, y también la fragilidad de la reina, se aconseja habituarse al marcado practicándolo sobre los zánganos.

En el plano internacional se ha establecido un codigo de marcado que permite la identificación del año del nacimiento de la reina. Este código prevé un color por año con un ciclo de 5 años, la duración de la vida de una reina nunca excede de este período.

Colores definidos por el sistema internacional

- blanco para años cuyo milésimo termine en 1 ó 6
- amarillo para años cuyo milésimo termine en 2 ó 7
- rojo para años cuyo milésimo termine en 3 u 8
- verde para años cuyo milésimo termine en 4 ó 9
- azul para años cuyo milésimo termine en 5 ó 0

El período más propicio para la búsqueda de la reina con vistas a su marcado se sitúa al principio de la primavera. En esta época, la población está entonces poco desarrollada y la búsqueda más fácil.

La reina es físicamente diferente de las demás abejas y los zánganos, pero buscar una sola abeja entre decenas de miles de otras no es cosa fácil y se necesita poseer un ojo experto para descubrirla.

En período de puesta, su abdomen es muy alargado y brillante, ligeramente más claro por debajo. Se encuentra en tiempo normal sobre los cuadros de pollo, pero huye muy rápidamente en el curso de una visita especialmente si es joven. Una reina no fecundada todavía es muy difícil de localizar.

Señalamiento de la edad de la reina en el colmenar

La edad de la reina, marcada o no, puede señalarse mediante la colocación sobre la colmena de una chincheta del color correspondiente al año de su nacimiento.

La selección

Fines

Todo cultivo, toda cría se hace con el fin de producir. Ser productor necesita instalaciones, un trabajo. El fin del cultivador o del criador es por consiguiente obtener a partir de las posibilidades de que dispone y, para un trabajo dado, un rendimiento máximo.

Para llegar a ello dispone de dos posibilidades:

— utilizar un material y las técnicas apropiadas;

— cultivar o criar las especies escogidas. Los criterios de esta elección varían en función de la naturaleza de la explotación pero tienen esencialmente en cuenta:

— el rendimiento;
— la rusticidad de las especies.

Estos dos factores son complementarios. Uno contribuye al aumento del beneficio por el hecho del volumen de la producción. El otro está en la base de los costos de explotación. El mejor resultado se obtendrá a partir de los elementos que dan la mayor producción posible al necesitar el mínimo de trabajo y el aporte en abonos, alimentos, etc., al menor coste posible.

La selección tiene por finalidad buscar las matrices que respondan a estas necesidades, a reproducirlas y a explotarlas.

La apicultura moderna no escapa a estas obligaciones.

La selección de las abejas es un amplio problema en el que todos los elementos no están todavía conocidos. necesita profundos conocimientos, en reproducción y en genética especialmente. Es este un trabajo de larga duración, que debe ser llevado científicamente. *La selección en apicultura* es por consiguiente, como toda selección animal o vegetal, *un trabajo de especialista.*

Sin embargo, el apicultor puede intervenir parcialmente sobre la calidad de las abejas que explote:

— conservando o favoreciendo el desarrollo de determinados caracteres favorables;

— tomando diversas precauciones que permitan evitar la degradación de las cualidades de sus abejas.

De hecho, su trabajo consiste en ayudar a una selección natural tan vieja como las especies.

La selección natural

La selección natural es aquella que se efectúa normalmente en la naturaleza; ella pretende la desaparición de los débiles y los inadaptados y a la multiplicación de los fuertes. Ella es el fruto de la adaptación de las especies a las condiciones de vida a las cuales están sometidas: clima, alimentación, entorno. Para una región dada, que presente las condiciones de recursos y de clima dados, existe una especie o una raza adaptada que aprovecha las ventajas de esa región, aprendiendo a preservarse contra los inconvenientes. Todo cambio brusco en estas condiciones puede ocasionar la desaparición de una especie o el desarrollo de una especie mejor adaptada a las nuevas condiciones.

Paralelamente, toda modificación de una raza local provocada por cruzamiento con elementos exteriores puede perturbar su comportamiento y sus cualidades de adaptación, llegando a poner su existencia en compromiso.

Razas locales en Francia

Existen en Francia, numerosas familias de abejas adaptadas a las condiciones particulares de vida de las regiones donde están situadas.

Ejemplos:

A) Abejas adaptadas a la flora:

Región parisina y Centro: abejas de desarrollo precoz hechas para aprovechar las mieladas de primavera (colza, árboles frutales, acacia).

Landas: abejas con desarrollo muy tardío, condicionadas por la recogida en verano sobre los brezales, único recurso local importante.

B) Abejas adaptadas al clima

Valle del Ródano: abejas habituadas al mistral, saliendo con viento muy fuerte.

Norte de Francia: abejas saliendo con bajas temperaturas y tiempo lluvioso.

Estos ejemplos dados a título indicativo, están lejos de ser únicos. Es necesario señalar que el desplazamiento de abejas de una región a otra puede ser el origen de errores, por el hecho de la inadaptación de las razas desplazadas, bien por el clima, por la flora, o por ambas cosas a la vez.

Ejemplos:

— las abejas habituadas a libar únicamente sobre las flores tardarán mucho en acostumbrarse a la recogida del mielato sobre los abetos;

— las abejas de las zonas costeras del Mediterráneo invernarán muy difícilmente en zonas altas o en país más frío.

Considerando estos datos, el apicultor deberá utilizar abejas procedentes de criaderos locales adaptadas a la flora y al clima del sector donde ellas se encuentran. Evitará la compra de reinas originarias de regiones distantes, a las condiciones de vida muy diferentes, o de razas extranjeras.

Los cruzamientos y sus efectos

La utilización de las técnicas movilistas ha dado al apicultor la posibilidad de buscar fácilmente la reina y de sustituirla si lo desea.

Esta misma posibilidad ha suscitado la cría y comercialización de reinas de todas las razas y procedencias.

La publicidad y la rapidez de los transportes han favorecido los *intercambios y transferencias de razas* de un punto a otro del globo.

Estas transferencias prácticamente hechas al azar han dado lugar a los cruzamientos en nuestras abejas autóctonas.

En efecto, siendo las reinas obligatoriamente fecundadas en pleno vuelo, hay inevitablemente mezcla de la raza del país de origen con las razas procedentes del exterior. Estas mezclas incontroladas son perjudiciales a las cualidades de las abejas, siendo la degeneración la causa de la disminución de algunas facultades naturales de las abejas como:

— rendimiento;

— resistencia a las enfermedades.

Muy frecuentemente provoca un claro aumento de la agresividad.

La presencia de colonias de razas extrañas en un sector dado viene a perturbar la selección natural. Las importaciones desordenadas vienen por consiguiente en contra de la conservación y mejora de las razas locales.

Híbridos

Las reinas híbridas procedentes de cruzamientos conocidos y controlados presentan ventajas cuando ellas son explotadas con juicio.

Para dar buenos resultados, deben ser nacidas de padres de razas puras. Por consiguiente deben ser productos de primera generación. Los descendientes de reinas híbridas pierden rápidamente todas las cualidades encontradas en los padres, no acumulan más que los defectos.

La selección en el colmenar

El apicultor, incluso principiante, puede mejorar las condiciones de explotación de su colmenar practicando una selección sencilla basada en el examen de cualidades o por criterios fácilmente controlables *(fotografía 18).*

Para realizarla, él debe:

— multiplicar las colonias que le dan satisfacción;

— suprimir las colonias deficientes o reemplazar las reinas.

Las cualidades que se buscan son:

— rendimiento;

— tranquilidad;

— poca tendencia a la enjambrazón;

— resistencia a las enfermedades;

— facultad de limpieza.

Por este hecho, deben descartarse de la selección:

— las colonias menos productivas;

— las abejas agresivas, que, muy frecuentemente, son de descendencia cruzada;

— las colonias emigradas;

— las colonias que presenten síntomas de enfermedades, incluso benignas, como las micosis;

— las colmenas que no eliminan los residuos y abejas muertas de la colmena y presentan en primavera un piso muy sucio.

Igualmente serán sistemáticamente excluidas todas las colonias que presenten signos de mestizaje, tales como bandas amarillas o manchas amarillas sobre el abdomen.

Esta operación de selección, que tiende a multiplicar lo que es bueno y a suprimir lo que es malo, se llama *selección masal.*

La acción de la selección masal puede ser adelantada y amplificada si se lleva simultánea y conjuntamente por un grupo de apicultores de un sector.

Las agrupaciones locales o regionales de selección son cada vez más numerosas. Al apicultor principalmente le interesa acercarse a una de estas agrupaciones con el fin de beneficiarse de la experiencia de apicultores más competentes en el dominio de la selección.

Cuando estas experiencias son aplicadas sistemáticamente, la cría de reinas a partir de buenas matrices, la sustitución de las reinas deficientes y la enjambrazón artificial permiten obtener rendimientos superiores a la media local.

Método básico para una selección sencilla

El apicultor debe poder mejorar las cualidades de sus abejas efectuando algunas observaciones sencillas y limitadas. Durante las manipulaciones principales, observar:

— la limpieza del piso;

— el estado sanitario, que debe ser perfecto;

— la organización de la colmena: pollo bien compacto, polen sobre los costados, miel por encima y en los cuadros de la orilla;

— la agresividad o la tranquilidad de las abejas;

— las colonias que hayan enjambrado.

A estas observaciones hechas durante la apertura de las colmenas, es necesario añadir el rendimiento. Este se calculará acumulando:

— el peso de la miel recogida;

— el peso de las provisiones de la colmena, antes del suministro, en el momento de la invernada.

Hay que anotar el peso del suministro distribuido.

Las comparaciones hechas en invierno, a partir de estos datos, permiten determinar las colonias que han dado la mayor satisfacción. A partir de los resultados, es necesario entonces proceder a un examen visual de las abejas y eliminar, a elección, las colonias que parezcan hibridadas con un grado más o menos importante. Las poblaciones que llevan individuos portadores de caracteres extraños (anillos amarillos en la parte anterior del abdomen o anillos separados por anchas bandas gris claro formadas por el sistema piloso), serán sistemáticamente descartadas de la selección, incluso si los rendimientos en miel son los mejores.

Las mejores colonias así determinadas servirán de matrices de cría durante la estación.

Algunos consejos

Colonias prodigio

Sucede a veces que una colonia produce una recogida netamente superior a las otras. Ella no debe por eso servir de base para la cría, ya que es con mucha frecuencia el resultado de una hibridación incontrolada, y las cualidades de rendimiento, en este caso, no son hereditariamente transmisibles de forma segura.

Además se puede tratar de abejas ladronas que han llevado a su alojamiento mil, tomada a otras colonias.

Supresiones y reuniones

Un colmenar bien llevado no debe tener elementos improductivos. Como se ha dicho en diversos capítulos, las colonias débiles, deficientes, serán suprimidas mediante reunión con otras.

Ausencia de elementos valederos para la selección

Es posible, e incluso probable que algunos pequeños colmenares no tengan elementos suficientemente merecedores para ser elegidos con vistas a una cría. En este caso, hay motivo para contactar con los apicultores vecinos y ampliar la base de la búsqueda.

Compras

En el caso en que la compra está decidida, no introducir en el colmenar más que elementos de la raza del sector, comprados a un criador juicioso que no venda ninguna reina de raza extraña.

Efectivamente es curioso ver algunos vendedores ensalzar sus selecciones caucasianas, banatas, carniolinas, que no son sino vulgares bastardos más o menos caracterizados. En apicultura, una raza pura no puede, excepto por fecundación instrumental, proceder sino de su región de origen. Todo criador que pretenda lo contrario es, bien un impostor, o bien un incompetente.

Cálculo del rendimiento

Si el cálculo de los rendimientos se efectúa por colmena, la recogida es la del colmenar en su totalidad, e incluye las improductivas que no dan prácticamente nunca miel. La media del colmenar debe por consiguiente considerar el conjunto.

Más valen diez colmenas dando todas una recogida media que una sola que de una recogida grande entre un conjunto de alzas vacías o casi. Así:

— 20 kg por colmena por 10 colmenas = 200 kg
— 40 kg por 1 colmena + 10 kg por 4 + 0 kg por 5 = 80 kg

VII Los productos de la colmena

La miel

Origen

La miel es elaborada por las abejas a partir de substancias azucaradas vegetales procedentes de:

— bien del néctar de plantas, que se encuentra esencialmente en las flores;

— bien de los exudados arrojados por los insectos picadores y chupadores (pulgones principalmente);

— bien, excepcionalmente, de jugos de frutas ya atacadas por otros insectos o por pequeños animales.

Estas substancias azucaradas, néctar, mielato, o jugos son lamidos por las abejas que los recogen en su buche para transportarlos a la colmena. Durante su paso por el sistema digestivo anterior de la abeja, los azúcares son transformados, la sacarosa queda en gran parte desdoblada.

El producto predigerido es a continuación situado en las celdillas donde se concentra por evaporación del agua excedentaria. Cuando ha alcanzado un grado de concentración suficiente, la miel es operculada en las celdillas con vistas a su conservación en la colmena.

Composición

La miel se compone de:

— los azúcares que entran en su composición en un 80 % aproximadamente. Estos azúcares son muy diversos, pero contienen, en su mayor parte, glucosa y levulosa. Igualmente se encuentran allí otros azúcares como la sacarosa, melezitosa, maltosa, etc.

La proporción de estos azúcares en la miel y su relación con su riqueza en agua influyen sobre su conservación y su cristalización.

— los diversos ácidos, málico, oxálico, glutámico, etc;

— proteínas y aminoácidos;

— vitaminas;

— diastasas;

— minerales, hierro, cobre, manganeso, calcio, etc;

— agua: 17 a 20 % en las mieles recogidas en buenas condiciones.

Es necesario señalar que algunas mieles (ciertas categorías de brezos principalmente) pueden contener hasta el 22-25 % de agua.

Conservación

Para conservarse bien, la miel debe contener un 20 % de agua como máximo. Es por lo que, es importante no recoger sino las mieles perfectamente maduradas por las abejas.

La conservación debe hacerse al abrigo de la humedad, lo que implica un cierre prácticamente hermético de los recipientes donde haya sido colocada.

La miel es higroscópica. Absorbe la humedad del aire ambiental si este la contiene en más del 60 %. Por el contrario, en atmósfera seca, la miel se deshidrata en la superficie.

Fermentación

Es la concentración en azúcares de la miel lo que permite su conservación. Si una miel está colocada en medio húmedo, absorbe en su superficie una parte de la humedad contenida en el aire ambiental. La riqueza en agua aumenta y, desde que ella es suficiente, la fermentación comienza. Gana poco a poco al conjunto de la miel. Las mieles fermentadas se hacen impropias para el consumo.

Cristalización

Según la proporción de los azúcares contenidos, las mieles cristalizan más o menos rápidamente.

Las mieles ricas en levulosa (acacia) no cristalizan o lo hacen muy lentamente. Las mieles ricas en glucosa (colza) cristalizan muy rápidamente. Algunas mieles cristalizan parcialmente, guardando en la superficie una parte líquida cuya riqueza en agua ha aumentado. Tienen mala presentación y se conservan menos bien.

Coloración — Aroma

Las mieles recogidas pueden ser muy diversas, tanto por la consistencia como por la coloración y el aroma. Las mieles varían de una región a otra en función de la flora local. Pueden igualmente variar para un mismo colmenar de una recogida a otra, según que las variaciones atmosféricas hayan o no favorecido la recogida sobre las esencias visitadas.

Según las posibilidades, locales, el apicultor puede seleccionar las mieles uniflorales o típicas, implicando la recogida después de cada mielada importante (acacia, colza, abeto, brezo, etc.).

Miel calentada

El apicultor puede estar inducido a calentar la miel:

— para descoagularla con vistas a su envasado;

— para detener un inicio de fermentación.

La miel debe calentarse a la temperatura más baja posible durante un tiempo lo más corto que se pueda.

Una miel endurecida puede licuarse de nuevo, sin peligro, a la temperatura de 43-45 °C.

El calentamiento prolongado o a una temperatura muy elevada produce derivados furfurílicos cuya presencia es ilegal más allá de una riqueza dada.

Valor alimentario

Teniendo en cuenta su composición, la miel es un alimento fuertemente energético. Contiene los azúcares directamente asimilables por el organismo, lo que la hace un alimento precioso para los enfermos, niños, deportistas.

Los productos de la colmena

Propiedades terapéuticas

La miel forma parte de la farmacopea. Antiguamente era empleada en numerosas preparaciones.

Además de algunas propiedades generales, ciertas mieles recogidas a partir de determinadas plantas pueden tener propiedades determinadas. Existe a este respecto una literatura especializada.

El polen

El polen es un elemento indispensable para la alimentación de la colmena. Sin polen, no hay cría del pollo y existe deficiencia de las abejas adultas.

La abejas recolectan el polen sobre las flores y el apicultor ha aprendido a recoger el polen disponiendo, sobre el recorrido de las libadoras al entrar en la colmena, trampas destinadas a recuperar las bolas transportadas por ellas.

Recogida — Conservación — Comercialización

El polen se recoge en período de gran actividad de las colonias. Las trampas se colocan sobre las colonias más fuertes. La recogida, sobre una misma colonia, debe efectuarse durante un tiempo limitado con el fin de no perturbar demasiado tiempo la población privada de una parte de sus recursos.

La recogida debe hacerse en medio naturalmente rico en posibilidades, a falta del cual las colonias corren el riesgo de sufrir peligrosamente por el hecho de la disminución importante de los aportes en la colmena. Según las plantas visitadas, los pólenes son diferentes y su valor es variable.

La recogida debe efectuarse cada 2 ó 3 días (a diario en tiempo húmedo). El polen recogido debe ser deshidratado en un secadero apropiado, con el fin de liberarle del agua que contiene. Después de un completo secado, el polen debe ser tamizado y clasificado, para eliminar los elementos extraños que puede contener (patas, cadáveres, etc.).

El almacenamiento, con vistas a su conservación, debe hacerse en un lugar seco, en recipientes (tarros, sacos aislantes) teniéndole por completo al abrigo de la humedad.

El polen que haya cogido humedad puede entrar en fermentación y, en este caso, su consumo es muy peligroso porque es nocivo.

La comercialización del polen está sometida a las reglas legales: identidad del vendedor, designación, peso.

Polen recogido por las abejas en el curso de un día

Utilización

El polen está considerado como un alimento que tiene numerosas propiedades. Su consumo no presenta prácticamente contraindicaciones.

La dosis aconsejada va de los 5 a 7 g para los niños, a los 15 a 20 g para los adultos. Debe hacerse por la mañana en ayunas, 15 minutos por lo menos antes del desayuno.

Su acción se aconseja en los casos de desórdenes digestivos: constipación, diarrea, para combatir la anemia o favorecer la convalecencia.

Algunos (Alain CAILLAS) lo aconseja para evitar las molestias de próstata. Numerosos trabajos tratan de sus beneficiosas propiedades.

Jalea real

La jalea real está producida por la secreción de las glándulas hipofaringianas de la abeja joven. Constituye la única alimentación de las larvas destinadas a convertirse en reinas y de todas las demás jóvenes larvas durante los tres primeros días.

La jalea real es de composición muy compleja y sus constituyentes no han sido identificados todos. Esta composición varía por otra parte en función de la edad y de la naturaleza de las larvas a alimentar.

Numerosos estudios científicos se han hecho sobre la jalea real y su administración puede ser fuertemente benéfica.

Recogida-Conservación

La recogida se hace ocasionalmente en las celdillas reales que pueden contener de 200 a 400 miligramos.

La producción sistemática necesita una técnica y un material especializado y conocimientos profesionales que rebasan el marco de esta obra.

La jalea real recogida ocasionalmente, debe ser conservada en sitio frío, al abrigo del aire y de la luz.

Se consume mezclada con la miel, en las propiedades aconsejadas de 1 a 2 g de jalea real por 100 g de miel, a la dosis de 1 cucharada de café de la mezcla por día,

1/4 de hora antes del desayuno, para curas de 15 a 20 días con descansos de otros 15 días.

La venta está sometida a las obligaciones legales, como los demás productos.

La cera

Origen

La cera es un producto segregado por las glándulas abdominales de la abeja. Se produce en forma de escamas que las obreras malaxan con sus mandíbulas para construir los panales.

La producción y el trabajo de la cera por las abejas requiere una temperatura suficiente en la colmena y obliga a las abejas a consumir miel y polen en cantidad importante (7 a 12 kg de azúcar o miel para 1 kg de cera, según algunos autores).

La cera es el material esencial de la casa «Colmena» puesto que sirve para construir los panales en los cuales serán criadas las abejas jóvenes, y donde se colocarán las reservas de miel y de polen.

Naturaleza

La cera es un producto complejo que contiene particularmente ácidos grasos. La cera pura de abejas es diáfana en su secreción. Se colorea al envejecer. Funde a 62 °C. El apicultor la encuentra en la colmena, en forma de panales construidos.

Cera estampada

La cera utilizada para la preparación de cuadros nuevos en la colmena es un producto manufacturado que, normalmente, debería ser elaborado a partir de cera pura procedente de la recuperación y de la fundición de panales viejos. Desgraciadamente, el suministro de cera bruta es inferior a la demanda de productos a base de cera, lo que incita a los proveedores de cera estampada a mezclar vegetales o minerales con la cera de abeja.

De la calidad de las ceras estampadas dadas a las abejas, dependerá la rapidez y regularidad de las construcciones. Sucede que las abejas rehusan el construir a partir de ceras colocadas y prefieren construir entre estas.

Recuperación

Teniendo en cuenta el valor de la cera, es interesante recuperar los opérculos recortados sobre los panales durante la extracción de la miel, así como los panales viejos reformados, retirados de la colmena.

Estos últimos, fácilmente atacados por la falsa-polilla, deberán estar bien protegidos y conservados el menor tiempo posible.

Fundición

La fundición de los opérculos puede hacerse muy fácilmente después de un lavado con agua tibia (1). Es suficiente ponerlos a fundir en un recipiente que será posteriormente reservado para este uso, un barreño viejo por ejemplo. Los opérculos secos, o poco más o menos, se colocarán en este recipiente con algunos litros de agua. Cuando la cera está fundida, sacarla con una cacerola y colocarla en moldes. Antes, los residuos que se encuentran en la superficie se sacarán con una espumadera. Como no es posible recuperar toda la cera de esta forma, el trabajo es detenido desde que se llega al nivel de las impurezas. Del conjunto enfriado, se conservará una torta que contiene numerosos desperdicios. Los más importantes se raspan y la cera se reincorporará al baño que contenga los opérculos durante una operación posterior.

Los panales viejos contienen una parte de cera no despreciable. Pueden cambiarse en un establecimiento de ceras, o fundidos. Para hacer esto, existen diferentes aparatos.

— el cerificador solar, especie de caja con cristal en su parte superior, en la cual los panales están expuestos al calor solar;

— la caldera de cera en la cual los panales están sometidos a la acción del vapor. Los rendimientos son muy mediocres.

---

(1) Esta agua puede utilizarse para la alimentación después de añadir azúcar si fuera necesario.

Utilización

La cera en panes recuperada puede cambiarse en un establecimiento de ceras que entrega las ceras estampadas en hojas, mediante el pago de la hechura y tendrá en cuenta las pérdidas estimadas en el curso de la operación.

La cera puede utilizarse por el apicultor en su estado, para la conservación de muebles antiguos, o para la fabricación de encáustico, velas, pequeños objetos, moldes, etc.

Propóleos

El propóleo es una especie de resina recuperada sobre algunas plantas, álamos, castaños particularmente. Otros diversos elementos quedan incorporados a él por medio del trabajo de las abejas.

El propóleo sirve para guarnecer el interior de la colmena, para tapar todos los intersticios insuficientes para dejar paso a las obreras.

Por otra parte este empleo, su influencia en la colmena está bastante mal conocido ya que se encuentra propóleo en parte sobre los panales.

El propóleo era, en otro tiempo, utilizado en medicina empírica para el tratamiento de algunas afecciones. Estudios recientes han puesto en evidencia las propiedades de esta sustancia y entre ellas, los factores antibióticos.

El propóleo puede recuperarse por el apicultor durante el raspado de los cuadros, planchas de recubrimiento, etc. Podrá constituir, en un porvenir próximo, un subproducto interesante para la apicultura.

Hidromiel

El hidromiel no es un producto directo de la colmena, sino un subproducto muy apreciado por los conocedores cuando se hace en buenas condiciones.

El hidromiel es una bebida conocida desde la antigüedad, obtenida por fermentación de una solución de miel con agua.

Condiciones de éxito

La fabricación del hidromiel necesita algunas precauciones esenciales:

1.°) Limpieza del material: que debe estar impecable, so pena de inconvenientes que alteran las calidades finales del producto.

2.°) Calidad de la miel: no se utilizarán sino mieles de primera calidad, sin gusto pronunciado o malo. Las mieles de colza y de acacia son las más convenientes.

3.°) Pasteurización de los mostos: la miel utilizada debe ser diluida en un volumen igual de agua y calentada hasta 70 °C por lo menos. La espuma se eliminará.

4.°) Utilización de fermentos adecuados: la realización de un buen hidromiel tiene por base el empleo de fermentos adecuados. Estos pueden ser:

— levaduras vendidas para la vinificación y seleccionadas por cosechas;

— frutas: entre estas, es necesario señalar por orden de preferencia: frambuesas, grosellas, moras para los hidromieles dulces o licorosos, cerezas, arándanos, bayas de saúco para los hidromieles semisecos, membrillos, grosellas para los hidromieles secos.

5.°) Utilización de agua pura, con la exclusión de aguas javelizadas de las redes de distribución.

6.°) Preparación de una cubeta, para poner a fermentar el conjunto del mosto. Esta cubeta deberá ser igual por lo menos al veinteavo del mosto a poner en fermentación.

7.°) Fermentación a temperatura suficiente, esto es de 20 a 25 °C, sin excederla, el calor excesivo destruye los fermentos.

8.°) Eliminación de las pulpas, pepitas o huesos desde la segunda fase de preparación de la cubeta, para los hidromieles de frutas.

9.°) Vacíos a evitar. Este deberá ser suficiente para impedir todo desbordamiento durante la fermentación pero estará colmado desde el momento de la relantización de esta (adición de arena lavada o hidromiel viejo).

10.º) Trasiego después de la fermentación y embotellado después de 1 año por lo menos para los hidromieles licorosos o dulces.

Realización para hidromiel de frutas

Para 100 litros de hidromiel: 2 a 5 kg de frutas.

Aplastar las frutas, ponerlas en un recipiente con 500 g de azúcar o de miel pasteurizada. Remover dos veces al día. Cubrir de forma no hermética. Después de 3 a 5 días, pasar y recuperar el jugo. Ponerlo en garrafa de vidrio con 5 litros aproximadamente de mosto, constituido por 1.500 g de miel pasteurizada y 3,5 litros de agua.

Fermentación

48 horas más tarde, verter la cubeta, que debe estar en fermentación tumultuosa, en el mosto preparado y a una temperatura que no exceda de los 25 °C. Añadir:

— 1,5 g de ácido tartárico por litro,

— 1 g de tartrato neutro de potasa,

— 1 g de fosfato amónico,

a disolver previamente en unos litros de mosto.

La fermentación debe realizarse en una habitación cuya temperatura se sitúa entre 19 y 22 °C.

Si las condiciones externas son buenas, la fermentación rápida durará de 2 a 4 semanas; la fermentación lenta puede proseguir durante varios meses, particularmente para los hidromieles licorosos o dulces.

Trasegar desde el final de la fermentación. Si es necesario añadir en este momento 0,5 a 3 g de tanino en alcohol para 100 litros (probar).

En principio, si la operación ha sido bien llevada, bastará clarificar y embotellar en tiempo frío y claro, por lo menos un año después de la fabricación. Se puede, si se teme un accidente de conservación, añadir 10 a 15 g de subnitrato de bismuto para 100 litros antes del cierre de las botellas, o del conservador Jacquemin a la dosis señalada en especial para los hidromieles semisecos o secos.

A señalar:

— un buen producto debe titular 12 °C de alcohol por lo menos después de la fermentación;

— la riqueza en alcohol no rebasa nunca los 15,5 a 16 ° alcohólicos, después que el azúcar no transformado permanece en solución, lo que da un hidromiel dulce o licoroso;

— 28 kg de miel en 100 litros de mosto darán un hidromiel titulando 12 ° (seco);

— 33,6 kg de miel para 100 litros de mosto, darán un hidromiel titulando 14 °;

— 38,4 kg de miel para 100 litros de mosto, darán un hidromiel titulando 15,5 a 16 ° (dulce);

— 43,2 kg de miel para 100 litros de mosto, darán un hidromiel titulando 15,5 a 16 ° (licoroso).

Este proceso no es limitativo y las posibilidades son muy amplias. La comercialización está sometida a leyes muy estrictas.

VIII | La flora

Una flora propicia para la libación constituye la base indispensable de la apicultura.

Un colmenar por consiguiente no debe instalarse más que en la medida en que los recursos indispensables para la vida de las abejas (néctar, polen) existan en cantidad suficiente en el sector donde las obreras van a libar.

Llamada: las libadoras trabajan en un sector que no excede generalmente de un kilómetro de radio alrededor de la colmena. Ellas buscan los recursos más próximos. En ciertos casos, pueden ir más lejos si los recursos cercanos faltan o si los campos de libación más alejados son muy ricos (ejemplo la colza que puede atraer las abejas a dos o tres kilómetros).

El trayecto realizado por las abejas para llegar a los lugares de libación condiciona la importancia de la recogida. Cuanto más largo es el trayecto, más tiempo pierde la abeja y se fatiga durante los viajes y más consume.

Variedad y calidad

La flora que existe en el entorno del colmenar debe ser variada.

Los recursos que ella procura a las abejas deben extenderse sobre el conjunto del año. Por consiguiente debe comprender un número importante de variedades con el fin de que la producción de néctar y polen dure en la medida de lo posible, desde la primavera hasta el otoño.

Estos recursos deben ser lo suficientemente importantes para cubrir las necesidades de las colmenas del sector en cuestión. Deben permitir a las abejas acumular suficientes reservas para asegurar sus necesidades durante el período de invernada y en casos de escasez provocada por condiciones pasajeras excepcionales (inclemencias del tiempo, sequías). Deben igualmente poder procurar un excedente que el apicultor sacará en concepto de recogida.

Principales recursos nectaríferos

Es necesario considerar dos categorías de recursos:

— aquellos cuya abundancia permite al apicultor efectuar una recogida;

— aquellos otros, menos importantes, que procuran a la colonia un aporte casi permanente pero no permiten almacenar excedentes.

En la primera categoría, la más interesante para el apicultor se encuentran en número limitado:

— las plantas que crecen en estado natural;

— las plantas cultivadas.

La segunda categoría está constituida por numerosas plantas muy diseminadas en la naturaleza para poder constituir un verdadero campo de libación, pero no obstante también visitadas por las abejas y que procuran a la colmena recursos no despreciables. Ellas permiten asegurar a las abejas una actividad continua así como la continuación de su cría durante el final de la primavera.

Hay que señalar que toda parada en la recogida del néctar o del polen a consecuencia de inclemencias del tiempo o de deficiencias en los recursos provoca la detención de la puesta de la reina, por consiguiente de la renovación de la población de la colmena.

La relación «abejas-flores» es muy estrecha, el apicultor debe conocer el valor nectarífero de las plantas del entorno de sus columnas.

Cada región tiene su flora propia que depende:

— del clima;

— de la altitud;

— de la naturaleza del terreno.

Algunas plantas muy melíferas en una región pueden no serlo en otra.

Principales plantas melíferas

Los nombres en **negrilla** corresponden a las plantas susceptibles de producir una recogida abundante

Plantas	Variedades	Producción
ACACIA	De su verdadero nombre: robinia falsa-acacia-árbol. Es uno de los principales proveedores de nuestras colmenas	Da grandes cantidades de miel algunos años, pero su producción está muy influenciada por las inclemencias del tiempo y por este hecho muy irregular. Miel muy clara que permanece líquida durante mucho tiempo, de muy buen gusto y muy apreciada.
TOJO	Es un arbusto espinoso muy rústico, que invade los lugares no cultivados	Néctar segregado muy pronto en primavera. Recurso ocasional
BORRAJA	Planta herbácea. Muy visitada por las abejas	
BREZO	Planta vivaz de 0,50 a 1 metro de altura. Dos categorías principales clasificadas por los apicultores en: — Erica — Calluna	Mieladas importantes sobre estas plantas. Miel de gusto particular. La miel de Calluna se gelifica en las celdillas y debe extraerse con la ayuda de un aparato especial llamado «picoteadora»
CEREZO Y CEREZO SILVESTRE	Arbol frutal muy visitado en la primavera	Provee abundantemente de néctar y polen
CASTAÑO	Arbol. Florece en junio-julio según las regiones	Produce néctar y polen en abundancia. Miel oscura de gusto muy fuerte buscada por aficionados
COLZA	Planta cultivada	Miel muy abundante en primavera; cristaliza rápidamente. Debe sacarse tan pronto termina la floración
ARCE	Arbol muy melífero. Flores verdes en racimos muy poco visibles	Da una miel excelente
FRAMBUESO	Muy interesante en las regiones donde crece naturalmente	Produce néctar y polen pero de forma insuficiente para crear un recurso real

Plantas	Variedades	Producción
ESPLIEGO LAVANDA	Planta meridional muy buscada por los trashumantes. Crece en estado salvaje o en extensiones cultivadas	Da una miel de muy buena calidad, muy buscada
HIEDRA	Planta trepadora	Da un néctar abundante en octubre
ALFALFA	Planta forrajera cultivada. Muy melífera	Miel de color rubio que cristaliza con rapidez. Con los tréboles y esparcetas constituyen la base de una miel muy buscada
CASTAÑO DE INDIAS	Arbol, muy visitado en primavera. Permite una buena arrancada de las colmenas	
ALERCE	Arbol resinoso de hojas caducas. Bastante raro en Francia	Produce algunos años un mielato muy abundante que endurece casi inmediatamente en las celdillas. Miel prácticamente irrecuperable por extracción. Dejada a las abejas es el origen de desarreglos intestinales
MELILOTO	Planta herbácea - flores amarillas o blancas, muy visitadas por las abejas. Crece en estado natural en terrenos no cultivados	Da una mielada si es abundante. Miel comparable a la de las plantas forrajeras
AVELLANO	Arbolillo. Floración muy precoz	Uno de los primeros recursos importantes de la colmena en polen en la primavera
OLMO	Arbol de flores sin pétalos. Muy visitado al principio de la primavera —néctar y polen—. Afectado por una enfermedad, está en muy fuerte regresión	
DIENTE DE LEON	Brota en estado natural en las praderas	Provee néctar y polen en grandes cantidades
MANZANOS CIRUELOS PERALES MELOCOTONEROS	Arboles frutales que florecen en primavera. El manzano es el más nectarífero, el peral el menor. La época de floración permite el aporte a la colmena de importantes recursos sin que sin embargo den la posibilidad de una real recogida para el apicultor	Todos dan un abundante polen

Plantas	Variedades	Producción
ROMERO	Arbusto. Planta meridional muy melífera de floraciones repetidas	Muy interesante para la apicultura en las regiones donde se le encuentra
ZARZAS	Plantas sarmentosas (muy invasoras). Crecen en terrenos abandonados y las malezas. Muy visitadas por las abejas	Las zarzas proporcionan néctar y polen al final de la primavera y principio del verano. Miel morena de buen gusto. Cristaliza después de un cierto tiempo
PINO	Arbol resinoso. Productor de mielato exudado por los pulgones que le parasitan	La recogida es irregular pero particularmente abundante algunos años. Miel verdosa de gusto particular (miel de los Vosgos), buscada por algunos aficionados especialmente en Alemania
ALFORFON O TRIGO SARRACENO	Planta cultivada. Muy melífera	Da una miel abundante; casi desaparecida
SALVIA	Planta herbácea. Existen numerosas variedades. La salvia es muy melífera, crece en los cultivos de cereales después de la cosecha. Las nuevas técnicas agrícolas prácticamente la han hecho desaparecer	
SAUCE	Arbol. Planta dioica (árboles portadores de flores machos y árboles portadores de flores hembras). Los sauces *cabruno* son los más melíferos	Recursos primaverales muy útiles a la colmena, pero sin posibilidad de recogida
TILO	Arbol forestal o de ornamentación. Diversas especies, todas muy visitadas en verano por las abejas	Bonitas recogidas si su número es suficiente para los colmenares
TREBOL	Pequeña planta herbácea —muy común—. Muy visitada por las abejas en verano	Da importantes recogidas si las condiciones de temperatura y de humedad son favorables
GIRASOL	Planta cultivada. Muy visitada por las abejas. Las nuevas variedades son muy melíferas	

1	2	3
		4
5		6

1 — ¡El boj también tiene flores!

2 — El diente de león es muy visitado por las abejas

3 — La facelia es muy atractiva, pero demasiado rara

4 — Los castaños de indias ofrecen néctar y polen en primavera

5 — Amentos de sauce cabruno macho. Una de las primeras flores

6 — La acacia es uno de los grandes proveedores de la colmena en miel

7	8
9	10
11	

7 — El girasol constituye una gran fuente de néctar

8 — Este es el mielato que las abejas recogen sobre el pino

9 — El cardo es melífero. Este tiene un bonito tamaño

10 — Hierba cana

11 — El arce muestra sus flores verdes delante de sus hojas

12 — Rama de cerezo

13 — Ribera del Sena en la época de la floración de las acacias

14 — Flor de manzano

15 — Brezal: bonita mielada de otoño en algunas regiones

16 — La branca es muy visible

17 — La montaña y su flora específica; el epilobium forma parte

18 — Tojos, plantas particularmente rústicas

12	13
14	15

16	17	18

IX | Anatomía

Todo apicultor que se interese seriamente por sus abejas debe conocer lo esencial de su evolución y su anatomía. Ello le permitirá comprender mejor algunos problemas relativos a su modo de vida, a sus enfermedades, etc.

El huevo

El huevo de abeja es de forma muy alargada, casi cilíndrico estando los extremos redondeados. Está rodeado de una membrana flexible, de color blanco nacarado.

Su longitud es de 1,4 a 1,6 milímetros. Su peso aproximadamente 0,130 miligramos.

Durante la puesta, el huevo queda fijado en el fondo de la celdilla, casi, verticalmente en relación a su pared.

La extremidad opuesta, vuelta hacia el exterior de la celdilla, presenta una abertura llamada micropilo. Es por este pasaje por donde se introduce el espermatozoide durante la fecundación del huevo.

En principio, el huevo está constituido por una célula única dotada de un núcleo que lleva 16 cromosomas. Durante la fecundación, los 16 cromosomas contenidos en el núcleo del espermatozoide penetran en el interior del huevo, viniendo a unirse a los 16 ya existentes. El huevo está entonces dotado de 16 pares de cromosomas. Emprende entonces su evolución y dará nacimiento a un individuo hembra. Si el huevo no queda fecundado, emprenderá no obstante su evolución y dará lugar a un individuo macho. Esta particularidad se llama «partenogénesis».

Evolución

Fecundado o no, cuando se encuentra en un medio propicio (temperatura y humedad), el huevo inicia su desarrollo. El núcleo inicial se divide en dos para dar dos células. Cada una de ellas se desdobla asimismo a continuación.

Después de tres días de evolución, el huevo da nacimiento a una larva parecida a un gusano.

Esta larva, alimentada por las abejas, crece muy rápidamente para alcanzar en seis días su talla máxima. Entonces emprenderá una serie de transformaciones que la convertirán en insecto perfecto.

Anatómicamente, la larva tiene todos los órganos necesarios para su vida: aparato digestivo, respiratorio, sistema circulatorio, nervios y diversas glándulas.

Abeja adulta

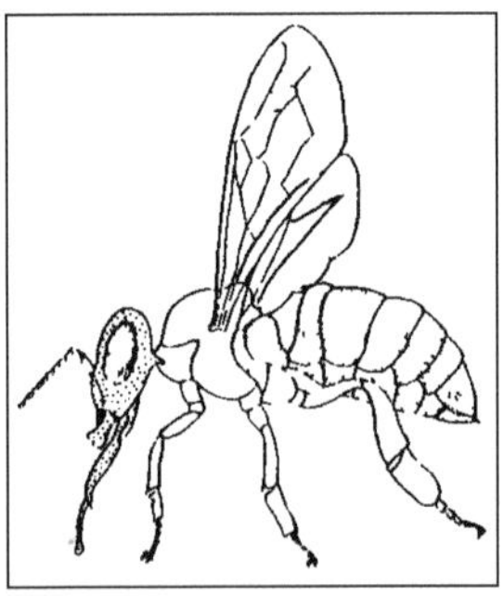

El cuerpo de la abeja adulta se compone de tres partes:

— cabeza;

— tórax;

— abdomen.

No tiene esqueleto interno pero está protegido por una envoltura externa, caparazón rígido, articulado, llamado «exoesqueleto».

Esta protección está formada por materia endurecida llamada quitina, pigmentada. El cuerpo está, en gran parte, provisto de pelos más o menos abundantes. Su color puede variar según las razas.

El examen del insecto permite observar tres partes principales:

La cabeza

Contiene órganos visibles al exterior:

— dos ojos compuestos que reunen un gran número de ojos sencillos. Este número es variable, según las categorías de individuos (3 a 5.000 en la obrera, 3 a 4.000 en la reina y 7 a 8.000 en el macho);

— tres ojos sencillos u ocelos colocados en el vértice de la frente;

— dos antenas articuladas que soportan los órganos táctiles; donde asientan los sentidos principales: gusto, olfato, oído.

El aparato bucal se compone principalmente:

— las mandíbulas que sirven para el trabajo de la cera;

— la trompa, órgano completo en el interior del cual se encuentra la lengua y sirve para la succión del néctar. La longitud de la misma varía de 6 a 7 mm según las especies.

El tórax

Es una cápsula rígida que soporta:

— tres pares de patas dotadas, en la obrera, de pinceles de antena sobre el primer par, de pinzas para cera sobre el segundo, de cestillos y pinceles para polen sobre el tercer par;

— dos pares de alas que pueden superponerse en reposo pero que se reúnen por ganchos para formar un solo plano durante el vuelo. Estas alas membranosas están reforzadas por nervaduras.

El tórax que sirve de soporte a los órganos motores contiene esencialmente músculos.

Abdomen

Está formado exteriormente por anillos articulados e imbricaciones que protegen los órganos internos. Estos anillos están provistos de bandas pilosas más o menos importantes.

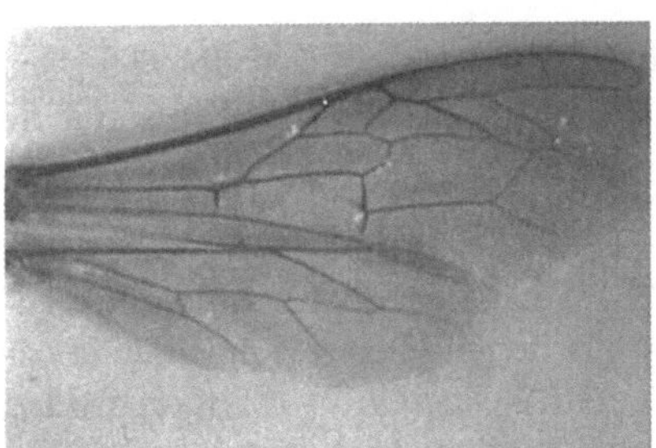

Alas de abeja (cliché Barbier)

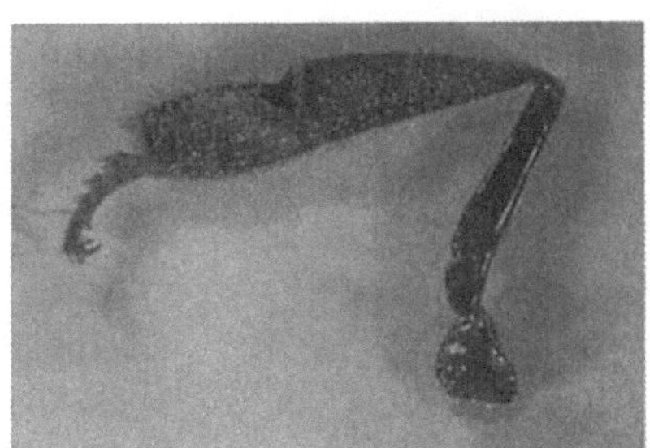

Pata posterior (cliché Barbier)

Organos internos

Como todo ser vivo superior, la abeja está dotada de diversos órganos que aseguran las principales funciones.

Aparato digestivo: partiendo del aparato bucal comprende:

— el esófago que desemboca en el buche, especie de bolsa elástica que sirve para alojar el néctar y para su transformación;

— el intestino medio, que sirve para la digestión de los alimentos de la abeja —miel y polen— separado del buche por el proventrículo que se abre para dejar paso a los alimentos necesarios a las necesidades propias de la abeja.

— el intestino posterior o intestino grueso, donde se recogen los restos de la digestión. Se termina en el ano.

El aparato digestivo comprende, por otra parte, las glándulas salivares, los tubos de Malpighi, las glándulas rectales.

Aparato respiratorio: el sistema respiratorio de la abeja es muy complejo.

Las células son aprovisionadas de oxígeno directamente sin el intermedio de la sangre como en los mamíferos. Los cambios, oxígeno-gas carbónico, se hacen por intermedio de una red de traqueolas unidas a los sacos aéreos que se abren sobre el exterior por las tráqueas y los estigmas.

Estos sacos aéreos ocupan un sitio importante. Están repartidos en el conjunto del cuerpo de la abeja. Los movimientos de dilatación y contracción del abdomen aseguran los cambios.

Los diez pares de estigmas están repartidos sobre los costados del tórax y del abdomen. El primer par de tráqueas torácicas puede ser el asiento de la acariosis *(ver enfermedades).*

Sistema nervioso: El sistema nervioso comprende esencialmente una cadena de ganglios que parte de la cabeza donde se encuentra el cerebro y están repartidos a lo largo del cuerpo de la abeja. Los nudos ganglionares mandan directamente por una red nerviosa los órganos relacionados, sin recurso al cerebro, lo que explica la persistencia momentánea de movimiento después de separación de las diferentes partes del cuerpo.

Aparato circulatorio: El aparato circulatorio es rudimentario. Sólo está constituido por el corazón, formado por 5 elementos, situado en la parte dorsal del abdomen, y la aorta que sube por el tórax para terminar en la cabeza.

La sangre, o hemolinfa, casi incolora, transporta las sustancias nutritivas a todas las partes del cuerpo. Es bombeada por el corazón, vertida en la cabeza y vuelve hacia el abdomen circulando libremente en medio de los órganos internos. Es purificada por los tubos de Malpighi. Este modo circulatorio se le llama «lacunar».

Otros órganos: El cuerpo de la abeja está dotado de un sistema muscular particularmente desarrollado a nivel del tórax. Comprende diversas glándulas:

— glándulas hipofaringianas o mamarias, situadas en la cabeza y segregan la jalea real. No funcionan sino cuando las abejas realizan la función de nodrizas;

— glándulas mandibulares que intervienen, particularmente, durante el trabajo de la cera;

— glándulas cereras situadas igualmente bajo el abdomen y que sirven para la secreción de la cera;

— glándula de Nasanoff situada bajo el penúltimo anillo de la parte dorsal del abdomen de la abeja. Es una glándula odorífera abierta solamente cuando las abejas «tocan la llamada».

El aparato vulnerante al cual se unen las glándulas del veneno termina por un aguijón, que comprende dos lancetas arpadas. Sirve para la defensa de la abeja contra sus enemigos.

Los individuos sexuados

Unicamente, la reina y el zángano son portadores de órganos sexuados que hayan alcanzado su completo

---

Obra de consulta para más completa documentación: «*L'abeille de A à Z*» (Anatomía detallada de la abeja) por A. REGARD, Dr. DOUHET, L. ADAM.

desarrollo. Las obreras no poseen más que un órgano femenino atrofiado, pudiendo no obstante entrar en función en condiciones particulares y de forma muy limitada (abejas ponedoras).

El aparato genital de la reina comprende:

— dos ovarios que llevan cada uno 150-180 tubos ováricos en los cuales se forman los huevos.

Los ovarios desembocan, cada uno, en un oviducto lateral. Los dos oviductos se reunen a nivel del oviducto medio en el cual termina el canal que comunica con la espermateca.

El oviducto medio, donde se encuentra la válvula vaginal, se abre sobre el orificio de la vagina.

La espermateca es esférica. Contiene la reserva de espermatozoides, almacenados al principio de la vida de la reina durante su fecundación; está equipada de una glándula llamada glándula en Y que tiene por misión la activación de los espermatozoides en el momento de la puesta.

Aparato genital del zángano

Comprende dos testículos unidos al canal eyaculador por los canales deferentes y las vesículas seminales sobre las cuales desembocan las glándulas de mucus.

El conjunto termina por el bulbo que sostiene el lóbulo plegado y los cuernecillos; ello constituye el endofalo.

Durante el acoplamiento, el endofalo se vuelve como un dedo de guante y el esperma empujado por el mucus es introducido en el oviducto medio de la reina.

X Enfermedades y enemigos de las abejas

Las abejas adultas y su pollo son susceptibles de padecer diversas enfermedades. Algunas son contagiosas y dan lugar a una reglamentación destinada a permitir:

— su diagnóstico;

— su tratamiento;

— la puesta en práctica de medidas de erradicación o de protección *(ver Capítulo XI - Derecho-Legislación).*

Mortalidad de las abejas delante de la colmena

Enfermedades del pollo

Loque americana

Es una enfermedad microbiana infecciosa producida por el ataque del *Bacillus Larvae.* Afecta a las larvas después de la operculación de las abejas.

Síntomas

Opérculos más oscuros que se hacen negruzcos y con frecuencia están perforados. En el interior, la larva muerta antes de la ninfosis se transforma en un resto pegajoso unido a la pared. Una cerilla introducida en la celdilla permite extender un filamento de varios centímetros. Las larvas afectadas se desecan formando una escama adherente a las paredes de la celdilla. Tiene un fuerte olor a cola de carpintero *(fotografía 19)*. La enfermedad se extiende en la colmena si no se la cuida a tiempo. La colonia se debilita, languidece y termina por desaparecer.

Propagación

— por utilización de material contaminado (reutilización de colmenas o de cuadros procedentes de colmenas enfermas);

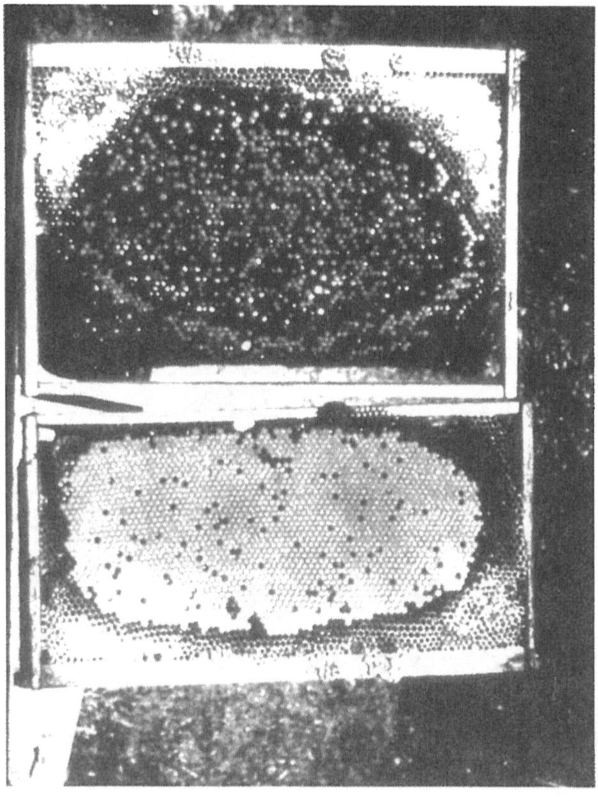

Cuadro afectado de loque y cuadro sano

— por transferencia de cuadros atacados de una colmena contaminada a una colmena sana;

— por introducción en el colmenar de colonias afectadas;

— por contaminación de una colmena a otra por el apicultor (utensilios o manos ensuciadas);

— por pillaje de colmenas debilitadas o muertas por enfermedad de loque en el colmenar propio o en los colmenares próximos;

— por alimentación con miel de procedencia desconocida que pudiera contener las esporas de la enfermedad.

Conducta a seguir

Prevenir al especialista apícola del sector. Si lo hubiera informar al director del servicio veterinario del departamento, a la prefectura y solicitar la visita de un especialista apícola. Adaptarse a las directrices dadas por él.

Considerada en otros tiempos como muy grave, la *loque americana,* llamada también *loque maligna,* se trata muy bien gracias a los antibióticos. Ello implica, sin embargo, algunas medidas de desinfección indispensable.

Loque europea

Es igualmente una enfermedad microbiana infecciosa, pero ataca a las larvas antes de la operculación.

Síntomas

Durante la visita de una colmena enferma, se observa que las larvas tampoco son de color blanco nacarado, pero se hacen amarillentas. Se desarrollan, se mueven en sus celdillas, algunas pueden estar fuera en parte.

El conjunto desprende un olor agrio fácilmente localizable. Las larvas mueren antes de la operculación y se secan, formando una escama pardusca no adherente a la pared.

Las colonias sufren generalmente ataques brutales, pudiendo desaparecer.

Propagación

Las causas de la propagación son las mismas que las de la loque americana.

Conducta a seguir

La misma que para la loque americana. La *loque europea* es menos grave que la loque americana. Por esta causa, se la llama *loque benigna.* Parece que su aparición está ligada a un desequilibrio en el interior de la colmena. Presentándose particularmente en primavera, puede estabilizarse y desaparecer si las condiciones exteriores son favorables, pero igualmente puede ocasionar la muerte de numerosas colonias del colmenar. Si se trata a tiempo, puede quedar eliminada en quince días.

Micosis

Las micosis son provocadas por los hongos microscópicos que atacan al pollo abierto en la mayoría de los casos. Las larvas mueren generalmente cuando alcanzan su talla máxima. La parte delantera de la larva extendida en su celdilla amarilla, se seca. Después toda la larva se seca igualmente formando una escama dura, amarillenta, que se hace verdosa o grisácea en una última fase *(fotografía 20).*

Esta enfermedad puede ser producida por dos hongos diferentes pero los resultados son sensiblemente los mismos. Se le llama también «pollo de yeso». Muy poco contagiosa de una colonia a otra, puede extenderse rápidamente en el interior de una misma colonia, ocasionando a veces una gran despoblación.

No se conoce ningún tratamiento realmente eficaz. Es la enfermedad de las abejas poco activas en la limpieza alcanzando más fuertemente a las colonias híbridas.

Pollo sacciforme

Es una enfermedad bastante rara. Las larvas mueren después de la operculación y su contenido se licúa. Forman entonces como una pequeña bota.

Enfermedades de las abejas adultas

De un modo general, las enfermedades de las abejas adultas presentan síntomas comunes: las abejas delante de la colmena se reúnen en pequeños grupos en la cumbre del césped, con las alas disimétricas, temblores, con dificultades o imposibilidad de alzar el vuelo, abdomen hinchado por las deyecciones con o sin diarrea aparente sobre las paredes de las colmenas.

Dos enfermedades están consideradas como contagiosas por los reglamentos en vigor y dan lugar a medidas especiales:

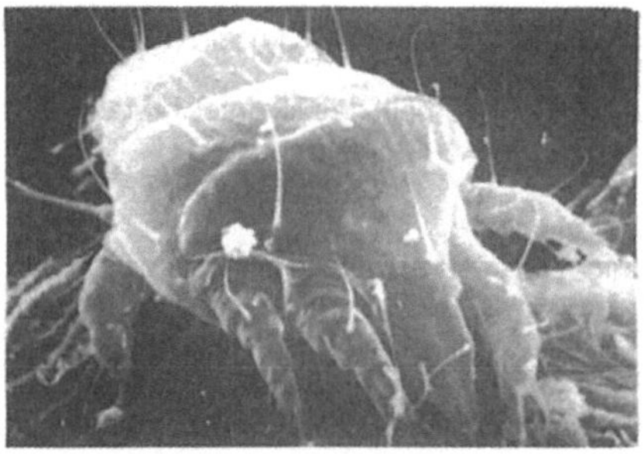

***Acarapis woodi* vista al microscopio electrónico (cliché Styer)**

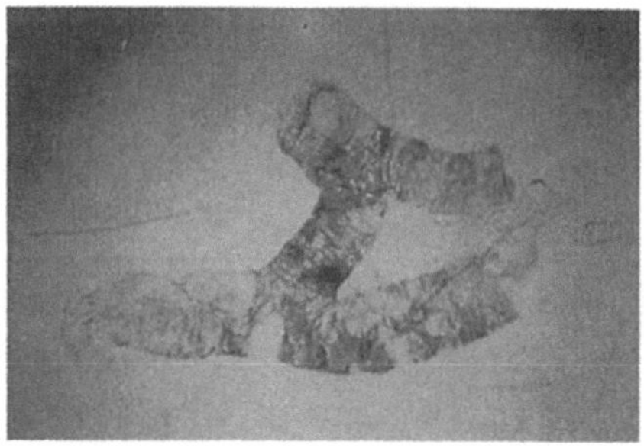

Tráquea de abeja enferma de acariasis (cliché Canteneur)

Acariasis

Está producida por un muy pequeño parásito que penetra en el primer par de tráqueas torácicas de la abeja, se multiplica allí y ocasiona la muerte del portador.

Esta enfermedad pasa casi desapercibida en la época activa, las abejas enfermas mueren en el exterior. Por el contrario, es muy observable al final del invierno durante la primera salida de las abejas que presentan los síntomas señalados anteriormente.

Nosemosis

Tiene por causa un microbio, *Nosema apis* que ataca a la pared intestinal de la abeja y la destruye ocasionando un desequilibrio muy grave en el sistema digestivo. Se observa igualmente y esencialmente al final del invierno durante las primeras salidas.

Conducta a seguir

Informar al especialista apícola de la zona, como para las enfermedades del pollo y aplicar los tratamiento ordenados cuando la causa exacta de la enfermedad haya sido diagnosticada en el laboratorio. En efecto, estas enfermedades no pueden identificarse sin exámenes microscópicos.

Una y otra se curan muy bien cuando son tratadas a tiempo.

Otras enfermedades

Enfermedad negra, septicemia de las abejas, mal de los bosques.

Estas enfermedades son mucho menos corrientes, más esporádicas que las señaladas anteriormente.

El caso «varroasis»

La varroasis merece ser tratada aparte, ya que es una enfermedad que afecta tanto al pollo como a las abejas adultas.

Es sin duda actualmente la enfermedad más grave de las abejas ya que su tratamiento es muy largo y nunca totalmente eficaz en el estado actual de los conocimientos. La enfermedad por consiguiente no es nunca com-

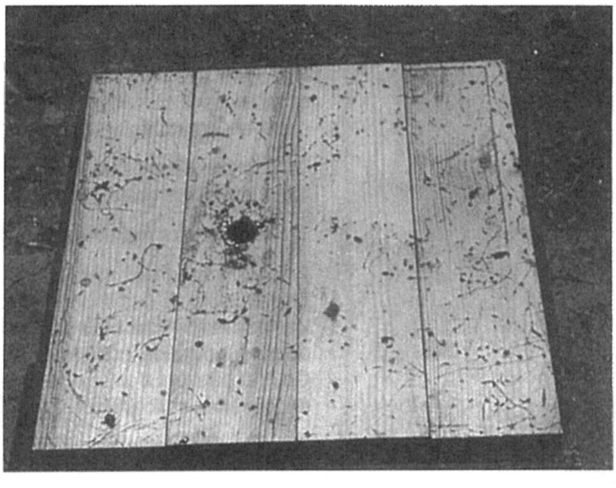

Nosemosis: deyecciones de las abejas sobre la tapa cubre-cuadros

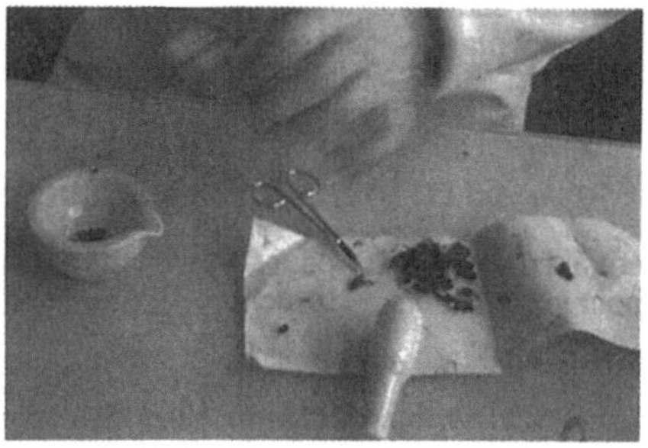

Examen de abejas en el laboratorio

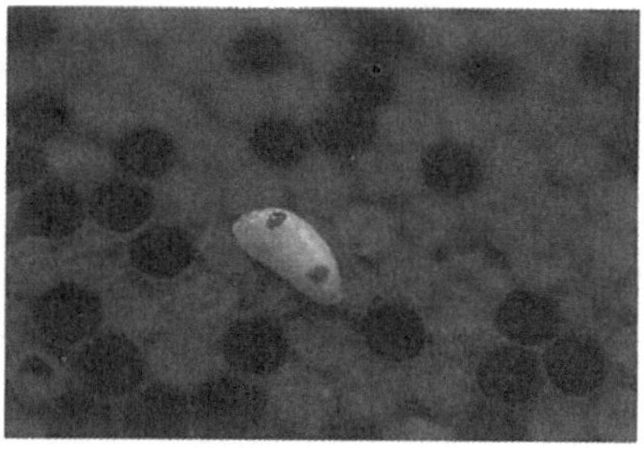

Larva de abeja con dos varroas

pletamente eliminada y es preciso tratarla continuamente.

Esta enfermedad está producida por un ácaro externo, *Varroa jacobsoni (fotografía 21)*, que se alimenta de la sangre de la larva o de la abeja sobre la que se fija. Se reproduce en el interior de las celdillas operculadas atacando las larvas y ninfas que allí se encuentran.

Produce graves trastornos.

Sobre la abeja adulta, el parásito, visible a simple vista, y ligeramente más grueso que el piojo de las abejas con el cual es preciso no confundirlo, se fija especialmente más bajo el abdomen.

La enfermedad es prácticamente indescubrible en sus principios. Lo es mucho más el segundo año y se hace muy evidente el tercero. En este momento, la contaminación del conjunto de las colmenas y los colmenares del entorno es segura.

La variedad existe por toda Francia. Debe ser combatida con el mayor rigor.

Tratamiento de las enfermedades

Casi todas las enfermedades que atacan a las abejas pueden tratarse, pero los cuidados a realizar deben hacerse según indicaciones muy precisas. Por este motivo, no se da ninguna indicación referente a los medicamentos a administrar. Estos pueden por otra parte variar muy rápidamente en función de los posibles descubrimientos e investigaciones.

Por otra parte, la legislación sobre los productos veterinarios no permite la compra directa de estos sin receta.

Toda tentativa de tratamiento hecha de forma empírica y sin control puede tener consecuencias graves, particularmente cuando se trata de utilizar productos antibióticos o biotóxicos.

En todos los casos, que conciernen a las loques, acariasis, nosemosis y varroasis, los servicios oficiales de la Dirección de Servicios Veterinarios del Departamento deben ser avisados. Se trata de enfermedades contagiosas que pueden extenderse a otros colmenares. Han de ser combatidas con control del sector para que la erradicación pueda hacerse con eficacia.

En conclusión, todo apicultor debe ser consciente de su responsabilidad en materia de lucha contra las enfermedades de las abejas. Debe recordar que él mismo puede ser la víctima de un apicultor vecino que no se adapte a una disciplina indispensable. Para no ser el mismo el origen de la propagación de las enfermedades, se adaptará a los reglamentos vigentes.

Todo propietario de colmenas incapaz de vigilar correctamente su ganado es un peligro para sus vecinos y para la apicultura.

Los enemigos de las abejas

Las abejas y sobretodo sus productos han sido, de toda la vida, motivo de codicia por parte de los demás seres vivos de todas las categorías. No hablamos de los osos que, salvo casos particulares por la altitud de los Pirineos, han desaparecido prácticamente, pero que es necesario citar:

Comedores de miel

Sphynx athropos

Mariposa muy grave que entra en la colmena para cebarse, pero rara y poco peligrosa para los habitantes de la colmena.

Hormigas

Mucho más presentes. Se las encuentra de todos los tamaños, de todos los colores, frecuentemente instaladas sobre la tapa cubre-cuadros donde ellas encuentran calor. Se alimentan de miel y de cadáveres de abejas. Flor de azufre extendida sobre la tapa cubre-cuadros les impide instalarse. Recordemos de paso, que en algunos medios resinosos, las hormigas conservan los pulgones y favorecen la excreción de mielato sobre los abetos.

Piojo

Vive sobre la abeja y sustrae su alimento al paso cuando las abejas intercambian su alimento. Se encuentra generalmente sobre el tórax. Pardo, sensiblemente rechoncho, midiendo aproximadamente 1 milímetro de diámetro, se desplaza muy veloz. Se le encuentra con mucha frecuencia sobre la reina que puede llevar hasta 5 ó 6. Sus larvas se desarrollan sobre los panales a nivel de los opérculos donde se le observa en pequeñas galerías.

El piojo se combate con humo de tabaco. Colocando un papel bajo los cuadros, la colonia es ahumada con tabaco. Los piojos se desprenden entonces de sus huéspedes, y caen sobre el papel. Es necesario enseguida retirar éste y destruir los insectos que allí se encuentran. Estos parásitos son poco peligrosos pero sí perturban las abejas y su presencia se hace verdaderamente molesta cuando son muy numerosos.

Cetonia

Cuando son numerosos, estos coleópteros pueden hacer importantes destrozos en las colmenas donde han conseguido entrar.

Comedores de abejas

Los animales que se nutren de abejas son relativamente numerosos. Comencemos por los insectos:

Avispón apívoro

Parece una avispa, ataca a las abejas, las mata y las lleva a su nido subterráneo. Pone entonces un huevo sobre el cadáver y la joven larva podrá alimentarse a su nacimiento.

Avispa

Bien conocida por todos, se alimenta de abejas y de miel. Ataca a las provisiones introduciéndose en la colmena pero atrapa igualmente a las abejas a las que despedaza y transporta por trozos a su nido para servir de alimento a las larvas. Las colonias débiles y los enjambres pequeños pueden ser completamente aniquiladas por las avispas. Estas son destruidas (1) en toda época detectando los nidos que son aéreos o subterráneos *(fotografía 22).*

En primavera, si se mata las hembras fecundadas, se evita la creación de un nido. La trampa puede hacerse con una botella de vidrio blanco llena una cuarta parte con vino azucarado.

Los avispones, más gruesos, son igualmente peligrosos.

Arañas

Son muy diversas. Algunas extienden las telas donde las abejas quedan atrapadas (epeira). Otras viven en la colmena cuando está en parte desocupada, o también, acechan a las abejas en las flores. Sus daños son no obstante limitados.

Senotenias

Son pequeñas moscas que acechan a las abejas cerca de la colmena. Las hembras adultas, se precipitan sobre una abeja para poner un huevo muy adherente. La larva nace y se introduce en el cuerpo de su huésped para alimentarse, ocasionando su muerte. Este parásito de los climas suaves puede ocasionar bastantes grandes perjuicios a las colonias.

(1) Insecticidas o, para los nidos en tierra, ½ vaso de sulfuro de carbono en la entrada durante la noche (producto muy volátil, de empleo peligroso a causa de su inflamabilidad).

Pájaros

Golondrinas en verano, paros en invierno, pueden alimentarse de abejas cuando ellos no tienen otra cosas a su disposición. La colocación de panes de sebo a alguna distancia del colmenar reducen netamente el ataque de los últimos, durante los períodos de frío.

Los picoverdes atacan a las colmenas, haciendo agujeros en la pared para comer las abejas invernantes. La colocación de redes y plásticos alrededor de las colmenas sirve de protección. En las regiones meridionales, el abejaruco común, bastante raro, atrapa a las libadoras.

Otros animales

Los ratones y los ratones de campo pueden producir perturbaciones en las colmenas invernantes. Estos animales buscan abrigo, alimento, calor. Hacen nidos con hojas o con hierba seca y comen miel, polen, cera y abejas. Los daños producidos en los panales pueden ser considerables, y los desórdenes ocasionados a la colmena son la causa de distintas molestias ocasionando el debilitamiento o la muerte de ella. La colocación de telas metálicas en la entrada evita su intrusión.

Los lirones buscan solamente el calor por encima de la colonia donde hacen su nido para invernar, ensuciando mucho este sitio.

Se señala también, entre los enemigos comedores de abejas a los sapos que atrapan a las libadoras, en los alrededores de la entrada, con la ayuda de su lengua viscosa, rápidamente lanzada sobre el insecto a cazar. En los sectores donde abundan los lagartos, estos pueden igualmente ocasionar pérdidas.

Comedores de cera

Los principales destructores de panales son las falsas polillas *(fotografía 23).*

La falsa polilla, ataca sobre todo los panales de las colonias débiles o de colmenas despobladas o también colocados fuera de las abejas. Comprenden dos especies de mariposas nocturnas:

— la *Galleria melonella* (gran falsa polilla) cuya mariposa mide 20 a 25 milímetros de largo, de color gris con manchas muy obscuras.

— la *Galleria grisella* (pequeña falsa polilla) cuya mariposa no excede de 18 milímetros.

Estas mariposas ponen sus huevos en los panales o en la proximidad. Las pequeñas larvas, desde su nacimiento, se meten en las construcciones y comen la cera. A medida de su avance, dejan detrás de ellas, un conducto sedoso. Llegada a su desarrollo completo, la oruga se teje un capullo para allí efectuar su muda.

Las larvas de falsa polilla atacan sobre todo a los panales ennegrecidos. Las construcciones de una colmena pueden ser destruidas completamente en unas semanas, particularmente si hace calor. No queda entonces sino un magma compuesto por los estuches tejidos por las larvas, mezclados a los restos de cera y a las deyecciones granulosas de las orugas.

Este conjunto, que tiene una cierta semejanza con tela vieja, es verosimilmente el origen del nombre de la loque, enfermedad del pollo que, al ocasionar la desaparición de la colonia, permite a la falsa polilla invadir totalmente el alojamiento. Los capullos están agrupados, adherentes, incluso incrustados a la madera.

La falsa polilla prácticamente no existe en los colmenares sanos que tienen colonias populosas. Perjudicial en cuanto a los daños causados a los panales, es un auxiliar útil en la destrucción de las colmenas abandonadas, muertas por enfermedades, ya que después de su paso, todo lo que era susceptible de servir para su alimento (panales, abejas, pollo muerto, polen, etc.) ha sido destruido.

Otros enemigos

La vida de las abejas puede ser puesta a prueba en diversas circunstancias: colmenas derribadas por animales mayores, acciones perjudiciales de niños o individuos malintencionados, pero el enemigo principal de la abeja es con demasiada frecuencia el apicultor despreocupado, negligente, que no conoce su misión.

XI Derecho y legislación

La explotación de las abejas y la venta de productos de la colmena están regidos por diversas disposiciones legales y reglamentarias que el poseedor de colmenas debe conocer. Esencialmente se refieren a:

— colocación de colmenares y derecho de posesión;

— obligaciones relativas a la venta de miel y otros productos del colmenar;

— protección sanitaria.

El Código Rural, en el Libro Segundo, define el marco en el cual estas disposiciones deben tomarse.

A continuación reproducimos los textos de referencia:

Extracto del Código Rural

LIBRO SEGUNDO
DE LOS ANIMALES Y DE LOS VEGETALES

TITULO SEGUNDO
De la custodia de los animales domésticos

....

ART. 206.— Los Prefectos determinan, previa consulta a los consejeros generales, la distancia a guardar entre las colmenas de abejas y las propiedades vecinas o la vía pública, excepto, en todo caso, la acción en perjuicio si ha tenido lugar.

ART. 207.— Los alcaldes prescriben a los propietarios de las colmenas todas las medidas que puedan afirmar la seguridad de las personas, de los animales, y también la preservación de las cosechas y de los frutos.

A falta del decreto prefectoral previsto por el artículo precedente, los alcaldes determinan a que distancia de las viviendas, de las carreteras, de las vías públicas, las colmenas descubiertas deben ser colocadas.

Sin embargo, no están sometidas a ninguna prescripción de distancia las colmenas aisladas de las propiedades vecinas o de los caminos públicos por un muro, una empalizada de tablas unidas, un seto vivo o seco, sin solución de continuidad.

Estos cercados deben tener una altura de 2 metros por encima del suelo y extenderse por lo menos 2 metros a cada lado de la colmena.

ART. 208.— En el caso en que las colmenas con miel pudieran ser cogidas separadamente de la finca en la cual están situadas, no pueden ser desplazadas sino durante los meses de diciembre, enero y febrero.

ART. 209.— El propietario de un enjambre tiene el derecho de reclamarlo y de recobrarlo, en tanto que él no haya dejado de seguirlo; de lo contrario el enjambre pertenece al propietario del terreno sobre el cual se haya colocado.

....

SECCION II

De la policía sanitaria de las enfermedades contagiosas

ART. 224.— Las enfermedades consideradas contagiosas y que dan lugar a declaración y aplicación de las medidas sanitarias a continuación son:

La loque (1), acariosis, nosemosis y la varroasis (2) de las abejas.

ART. 225.— Un decreto establecido sobre el dictamen del ministro de agricultura previo informe del comité consultivo de epizootías, puede añadir a la nomenclatura de las enfermedades reputadas como contagiosas en cada una de las especies animales enunciadas anteriormente, cualesquiera otras enfermedades contagiosas, denominadas o no, que tomarán un carácter contagioso.

Las medidas de policía sanitaria pueden ser ampliadas por un decreto establecido en la misma forma para los animales de otras especies que las anteriormente designadas.

....

ART. 226.— Todo propietario, toda persona que tenga, por cualquier título que sea, el encargo de los ciu-

(1) Es preciso distinguir: Loque americana y Loque europea.

(2) Ver orden del 8.3.1977

dadanos o la custodia de un animal enfermo o sospechoso de estar enfermo de una de las enfermedades contagiosas previstas por los artículos 224 ó 225 está obligado a realizar inmediatamente la declaración al alcalde de la población donde se encuentre el animal.

El animal enfermo o sospechoso de estar enfermo de una enfermedad contagiosa debe ser inmediatamente e incluso antes de que la autoridad administrativa haya respondido a la denuncia, secuestrado, separado y mantenido aislado tanto como sea posible de los demás animales susceptibles de contraer dicha enfermedad.

....

ART. 240.— La exposición, venta o la puesta en venta de animales enfermos o sospechosos de estar enfermos de enfermedad contagiosa, está prohibida.

El propietario no puede desprenderse de ellos más que en las condiciones determinadas por un reglamento de administración pública que fija, para cada especie de animales y de enfermedades, el tiempo durante el cual la prohibición de venta se aplica a los animales que han estado expuestos al contagio.

Si la venta tubo lugar, es nula de pleno derecho, cuando el vendedor haya conocido o ignorado la existencia de la enfermedad de la que su animal estaba enfermo o sospechoso.

Sin embargo, ninguna reclamación por parte del comprador por razón de la mencionada nulidad, será válida cuando sea formulada transcurridos más de cuarenta y cinco días de la entrega, si no hay diligencias del ministerio público.

Esta reglamentación básica está completada por diversas órdenes y circulares ministeriales o prefectorales establecidas en función de una situación en continua evolución. El conjunto de estos textos no puede por consiguiente mencionarse en esta obra y nosotros no daremos más que las líneas generales.

Implantación de los colmenares

La instalación de los colmenares debe hacerse en aplicación de las órdenes prefectorales tomadas en el marco del artículo 206 del Código Rural. Estas órdenes fijan las distancias a guardar entre las colmenas y las propiedades vecinas. Estas distancias son variables según los departamentos y el apicultor debe solicitarlas, bien al alcalde, bien a la dirección de los servicios veterinarios del departamento en el que se encuentra el colmenar.

Referente a esto, recordemos que la implantación de un colmenar debe tener en cuenta el entorno humano, y querer observar estrictamente las disposiciones legales puede tener consecuencias nefastas, no solamente para el propietario de las colmenas, sino también para todos los apicultores en el caso de que se produjera una revisión de los textos legales.

Policía sanitaria

Como todos los animales, las abejas son afectadas por diversas enfermedades de las que algunas son contagiosas. La lucha contra estas enfermedades está señalada en el marco del Decreto de 11 de agosto de 1980 que precisa:

— las disposiciones generales y la organización referente a esta lucha.

Se resumen de la manera siguiente:

En cada departamento, la autoridad encargada de luchar contra las enfermedades de las abejas es el Director departamental de los servicios veterinarios. Este puede recurrir a los agentes especialistas colocados bajo su autoridad, los cuales pueden ser:

— asistentes sanitarios apícolas departamentales, uno o varios por departamento;

— especialistas sanitarios apícolas, lo más frecuente uno por cantón;

— ayudantes especialistas apícolas, uno por municipio en las regiones con gran densidad de colmenas.

Estos agentes deben haber recibido una formación correspondiente a sus responsabilidades.

Los apicultores pueden pedir a la Dirección de los servicios veterinarios la intervención de estos agentes cada vez que ellos sospechen la presencia de una enfermedad contagiosa en sus colmenas.

Los grupos de defensa sanitaria de las abejas existen en casi todos los departamentos (asociaciones regidas por la Ley de 1901). Tienen por finalidad ayudar a los apicultores en la lucha contra las enfermedades de las abejas: pueden estar aceptados por la D.S.V. Ellos reagrupan a los apicultores sin distinción de pertenencia sindical o profesional. La adhesión a estos grupos procura diversas ventajas, variables según los departamentos.

Medidas generales de vigilancia sanitaria y de prevención

En este capítulo, es necesario señalar:

— la obligación de declarar cada año, en el mes de diciembre, el emplazamiento de sus colmenares. Declaración a dirigir a la Dirección de los servicios veterinarios que enviará un resguardo;

— la obligación de poner de modo permanente en cada colmenar el número de identificación de la explotación apícola (incluso si sólo se trata de una o dos colmenas). Este número figura en el resguardo de declaración mencionado anteriormente;

— la obligación de señalar en el plazo de un mes los cambios de emplazamiento de colmenares o la creación de nuevos emplazamientos;

— las medidas específicas concernientes a la apicultura pastoral así como aquellas relativas al transporte de las colonias.

Medidas especiales aplicables en el caso de enfermedades contagiosas

Estas medidas varían según los casos y constituyen el objeto de órdenes prefectorales. El director de los servicios veterinarios está encargado de su puesta en aplicación.

Las enfermedades reputadas legalmente contagiosas son cinco:

— Loque americana, enfermedad del pollo;

— Loque europea;

— Acariosis, enfermedad de las abejas adultas;

— Nosemosis;

— Varroasis, enfermedad parasitaria, que afecta al pollo y las abejas adultas.

Diversos decretos y circulares rigen el comercio de las abejas, las crías, las importaciones.

El conjunto de leyes, decretos, reglamentos y medidas prescritas por diversas circulares ministeriales es relativamente compleja. Lo esencial, para el principiante, es conocer la existencia de esta reglamentación. El obtendrá de los Servicios Oficiales y los grupos profesionales todas las informaciones complementarias que le parezcan necesarios. Es conveniente señalar que:

— los responsables del grupo departamental de defensa sanitaria apícola están en condiciones de proporcionar todas las informaciones que conciernen a la defensa sanitaria en su departamento;

— si se posee un colmenar situado en el departamento de vuestro domicilio principal, las formalidades deben realizarse según las normas de vuestro departamento;

— si vuestras abejas están instaladas en un departamento distinto del de vuestro domicilio principal (caso de muchos habitantes de las grandes ciudades), es preferible efectuar estas formalidades en el departamento donde esté situado el colmenar;

— si posee abejas en varios departamentos, vuestra declaración debe hacerse en el departamento donde esté situado vuestro domicilio principal o en aquel donde se sitúe vuestra explotación apícola. En estos dos casos la declaración deberá comprender el conjunto de vuestros colmenares.

Intoxicación

En materia de intoxicación de las abejas, la Ley es, en principio favorable a la apicultura.

El decreto de 25 de febrero de 1975, relativo a la aplicación de los productos antiparasitarios para uso agrícola, promulga las disposiciones generales relativas al esparcimiento.

Los artículos esenciales son transcritos a continuación.

TITULO I

Disposiciones generales

ART. 2.— Sin perjuicio de las disposiciones previstas por las órdenes tomadas en aplicación del código de la sanidad pública, todas las precauciones deben ser respetadas por los usuarios para evitar el arrastre de los productos hacia los lugares enumerados a continuación, cualquiera que sea la evolución de las condiciones meteorológicas durante los tratamientos:

a) viviendas, parques y jardines;
b) edificios y parques de cría;
c) puntos de agua de consumo para el hombre y los animales así como los perímetros de protección de las captaciones tomadas en aplicación del artículo L. 20 del código de sanidad pública;
d) cultivos y lugares que, según la reglamentación en vigor, no deban en el mismo momento ser tratados con el producto utilizado;
e) estanques de piscicultura, conchilicultura, acuacultura, arrozales y salinas;
f) litoral marítimo, ríos, canales de navegación, de irrigación y de drenaje, lagos y albuferas de agua dulce o salobres, zanjas de saneamiento de vías conectadas a estos lugares;
g) colmenas y colmenares declarados;
h) parques de cría de caza, reservas de caza así como parques nacionales y reservas naturales en el título respectivamente de la Ley de 22 de julio de 1960 y del artículo 8 bis de la Ley modificada del 2 de mayo de 1930;
i) de un modo general, todas las propiedades y bienes pertenecientes a terceros.

ART. 3.— Los tratamientos de los lugares enumerados en el artículo 2 pueden realizarse bajo reserva de utilizar los productos conformes a la reglamentación en vigor para estos usos particulares.

ART. 4.— Cuando los productos pueden presentar localmente, en el momento de su aplicación, un riesgo excepcional con respecto a los cultivos así como para los lugares enumerados en el artículo 2 situados en la proximidad de las zonas tratadas, los decretos prefectorales, tomados a propuesta del jefe de la circunscripción fitosanitaria actuando por iniciativa propia o a petición de los representantes de los ministros signatarios de la Ley modificada del 2 de noviembre de 1943, podrán, independientemente de las disposiciones ya fijadas por este artículo, prever modalidades de aplicación. Estos decretos precisarán la naturaleza de los cultivos sensibles y los lugares a los cuales puede ocasionarse un perjuicio, las distancias mínimas a partir de las cuales podrán ser prohibidos así como todas las precauciones indispensables exigidas por la puesta en práctica de estos trabajos y por la del material utilizado.

ART. 5.— Independientemente de la reglamentación general prevista por el ministerio del interior y el secretariado de Estado para los transportes a los que están sometidas las empresas de tratamientos aéreos, el jefe de la circunscripción fitosanitaria interesada debe ser avisado, con tres días por lo menos de antelación, de las zonas de aplicación, de la naturaleza del producto así como de la dosis que deberá emplearse.

ART. 6.— Los terrenos de aterrizaje y las zonas de aplicación de los tratamientos aéreos serán señalados de forma aparente y prohibidos a los animales domésticos así como a toda persona extraña a los tratamientos.

ART. 7.— Los operadores deben estar dotados de todos los dispositivos de seguridad apropiados a los tipos de tratamiento de los que tienen la responsabilidad.

....

TITULO II

Disposiciones particulares concernientes a la protección de las abejas y otros insectos polinizadores

ART. 8.— Son presuntos peligrosos para las abejas todos los insecticidas, con la excepción de aquellos que llevan sobre sus embalajes la mención «no peligroso para las abejas» del que ha sido provista su autorización de venta.

Los tratamientos realizados por medio de productos presuntos peligrosos para las abejas están prohibidos, cualquiera que sea el aparato utilizado:

1) sobre los árboles durante la floración;
2) sobre los árboles forestales o de alineación durante el período de exudación del mielato;
3) sobre todos los cultivos visitados por las abejas durante la floración.

Cuando las plantas melíferas con flores se encuentran bajo los árboles o en medio de cultivos destinados para ser tratados por medio de estos productos, ellos deberán ser segados o arrancados antes del tratamiento.

En caso de mortalidad de las abejas a consecuencia del esparcimiento de insecticidas o de cualquier otro producto de tratamiento agrícola, el apicultor puede intentar un recurso por daños e intereses contra el responsable, pero a él le corresponderá presentar la prueba de esta responsabilidad.

Con este fin, deberá:

— hacer constar la mortalidad;

— investigar la causa y el autor;

— efectuar todos los pasos necesarios con vistas a una acción eventual de la justicia:

  — toma de muestras por ordenanza de abejas muertas, de plantas tratadas;

  — envío de muestras al laboratorio aceptado para análisis;

  — presentación de demanda.

Los sindicatos apícolas locales están en condiciones de dar todas las indicaciones sobre el conjunto de precauciones a tomar y pasos a realizar en caso de siniestro.

Comercialización de los productos de la colmena

La miel puede venderse por el apicultor productor. No está adscrito a ninguna reglamentación especial cuando esta venta se hace ocasionalmente y directamente al consumidor, a condición de que el producto sea vendido a granel y al peso.

En cuanto haya acondicionamiento, el productor, aunque sea pequeña la venta, debe atenerse a seguir una reglamentación severa que concierne a la denominación del producto vendido, etiquetado, peso.

La legislación sobre la materia, que sobrepasa el marco del presente trabajo, podrá solicitarse a los grupos profesionales.

Lo mismo sucede para la venta de los demás productos de la colmena, polen, jalea real, cuya producción necesita instalaciones especiales y rebasa a los aficionados.

Conclusión

Las abejas son objeto de una protección legal bien estudiada pero los accidentes son siempre posibles, y las enfermedades siempre presentes.

El principiante estará por consiguiente vigilante sin asustarse no obstante por la lectura de los peligros corridos por sus abejas. En efecto, estas existen en la naturaleza desde hace milenios y han sobrevivido a todos los peligros. Lo esencial es ocuparse bien de su ganado y recurrir a los especialistas competentes desde que la situación parezca exigirlo.

Las agrupaciones de apicultores

Igual que los miembros de otras actividades o profesiones, los apicultores se reunen en el seno de grupos profesionales.
Los grupos se dividen en dos familias principales:

Las agrupaciones sindicales

Tienen por fin la defensa del apicultor, de sus derechos. Las posibilidades de acción de un sindicato son muy extensas. El sindicato puede reagrupar los apicultores:

— de un sector dado (cantón, partido judicial, etc.);
— de un departamento.

Sociedades con fines filantrópicos

Estas sociedades se rigen por la Ley de 1.º de julio de 1901. No deben tener fin lucrativo. Agrupan personas físicas o morales.

En apicultura, los grupos departamentales de defensa sanitaria apícola entran en esta categoría.

Tres ramas principales agrupan a los apicultores. En 1988, se reparten como sigue:

A nivel sindical

Existen dos Federaciones Nacionales principales, cada una de las cuales reagrupa un determinado número de sindicatos departamentales o locales:

— el Sindicato Nacional de Apicultura;
— la Unión Nacional de la Apicultura Francesa.

La Sociedad Central de Apicultura (sociedad regida por la Ley de 1901) recibe las adhesiones directas de los apicultores. Creada en 1856, es la más antigua sociedad de apicultura de Francia.

En cada departamento, existe uno o varios sindicatos locales que pueden pertenecer a una u otra federación nacional. Algunos se adhieren a cada una de estas federaciones.

Existen numerosas federaciones departamentales que reagrupan los distintos sindicatos de un mismo departamento. Algunas federaciones son regionales.

A nivel de la defensa sanitaria apícola

Existe una sola federación, la Federación Nacional de las Organizaciones Sanitarias Apícolas Departamentales (FNOSAD) que reune las organizaciones sanitarias de cada departamento.

Hay un solo grupo sanitario por departamento.

Estos grupos se ocupan esencialmente de la lucha contra las enfermedades de las abejas.

A nivel de la comercialización de la miel

Los apicultores han creadc cooperativas encargadas de la venta de los productos que ellas cosechan. Estas cooperativas son casi siempre regionales.

Además de estos grupos ha sido creado:

EL INSTITUTO TECNICO DE LA APICULTURA (I.T.A.P.I.)

Es éste un organismo formado por la reunión de diversos grupos profesionales. Tiene por misión el estudio de los problemas relativos a la apicultura, según un programa que él estableció. Se trata de un organismo subvencionado.

INTERMIEL — agrupación interprofesional que reúne todas las actividades relacionadas con la apicultura.

Ventajas obtenidas por la pertenencia a las agrupaciones de apicultores

Teniendo en cuenta las responsabilidades incurridas por el hecho de poseer colmenas de abejas y de los azares que de ello se derivan, la pertenencia del apicultor a los grupos profesionales es indispensable.

La pertenencia a un sindicato generalmente da derecho:

— al seguro de responsabilidad civil del apicultor para todo accidente producido por sus abejas;

— a diversos seguros facultativos (robo, incendio, deteriores, etc.), en condiciones excepcionales;

— a la asistencia en juicios;

— a la defensa por las organizaciones profesionales en diversas circunstancias, tales como litigios con la vecindad, envenenamientos de abejas, etc.

La pertenencia a un grupo de defensa sanitaria da derecho a la asistencia en la lucha contra las enfermedades de las abejas con, la mayoría de las veces, suministro gratuito o a precio reducido de los productos del tratamiento, indemnizaciones eventuales en caso de pérdidas, etc.

Las condiciones de existencia de la apicultura en la civilización moderna hacen prácticamente indispensable la pertenencia a estos grupos.

XII Economía y apicultura

Cualquiera que sea la importancia de una explotación apícola, el apicultor debe estar en situación de conocer el valor de los productos que constituyen el fruto.

Todo producto, fabricado o recogido, posee un valor y éste debe ser por lo menos estimado, sino calculado con precisión. Este valor tiene por origen principal:

— las inversiones;

— la materia prima puesta en juego;

— los gastos resultantes del empleo de un material o de un utillaje;

— la mano de obra;

— los gastos anejos.

Durante la venta, estos gastos adicionales deben ser recargados por un beneficio que, de hecho, constituye el salario correspondiente al trabajo del apicultor.

En apicultura, el principal producto recogido es la miel. También lo es el estudio de su precio que será efectuado a la escala del pequeño productor. La presente obra trata efectivamente de las cuestiones relativas a los pequeños colmenares pertenecientes a los principiantes y no nos saldremos de estos límites.

Este capítulo podrá parecer superfluo a los poseedores de algunas colmenas, pero es indispensable que el productor, incluso aunque no recoja más que algunos kilos de miel, el conocer su valor.

Se dirige sobre todo a los que, disponiendo de una recogida que excede de sus propias necesidades, comercializan el exceso. La venta pretendida debe por consiguiente hacerse a un precio por lo menos igual al costo.

El error enorme de numerosos apicultores que poseen un colmenar familiar es vender a un precio insignificante un producto que posee un valor real como la miel. Este es casi el único caso registrado entre todas las producciones agrícolas o artesanales. Lo que agrava este estado de hecho, es que la recogida en apicultura es bastante fluctuante, pero esta fluctuación afecta el mismo año a todos los apicultores de una misma región o de un mismo país; así ella conduce por consiguiente a los pequeños productores a dotarse de medios suficientes para disponer de una recogida mínima en los casos más desfavorables. Si resulta un excedente en período abundante, con frecuencia este excedente es cedido en condiciones de precio que no corresponden al valor mercantil del producto.

El cuadro que a continuación se expone, permite cifrar de forma aproximada los costos de explotación, el total estimado de las ventas (o de los beneficios si el producto es consumido por el productor), y el beneficio o el déficit final.

Cálculo aproximado del costo de explotación de un colmenar

A — Gastos

Amortización del material

$$\frac{\text{Material de extracción + instalaciones diversas + Precio de una colmena vacía} \times \text{núm. de colmenas}}{\text{15 (amortización en 15 años)}} = \ldots\ldots\ldots\ldots$$

$$\frac{\text{Precio de un enjambre} \times \text{número de colonias}}{\text{10 (amortización en 10 años)}} = \ldots\ldots\ldots\ldots$$

Amortización anual = ... (a) ....

Gastos anuales de explotación

Cera estampada, 0,300 kg por colonia × n.º de colmenas =
Azúcar para alimentación (N. kilos a ....) ...... =
Valor locativo del terreno o alquiler .... =
Tarros, embalajes, etiquetas, etc. .... =
Compras de productos diversos .... =
Seguros, cotizaciones, suscripciones .... =
Desembolsos sociales (colmen. de más de 30 colmenas) =
Gastos de locomoción: N. kilómetros a (1) .... =
Agua, gas, electricidad y otros .... =
Gastos de tratamiento sanitario .... =

.... (b) ....

Gasto anual total = (a) + (b) = ...A...

B — Ingresos

Precio del kg de miel × total recogida (en kg) = ...B...
Beneficio (B — A) .... = ...F...

C — Estimación del tiempo empleado (T)

— Conserv. del colmenar, limpieza, emplazamientos
Conservación de las colmenas y del material . 0h30/colmena

— Operaciones en el colmenar: visitas, recogidas, comprendidos tiempo de transporte y desplazam. 1h30/colmena

— Trabajos de extracción, acondicionamiento, etc. 1h30/colmena

Tiempo estimado para un colmenar de 10 a 20 colonias, variando en función de:

— utillaje de la explotación;
— utillaje a disposición;
— tecnología de la explotación;
— condiciones generales de la explotación;

Precio de venta del kg de miel =

$$\frac{\text{Coste total de explotación A}}{\text{Número de kg de miel recogidos}} = \ldots\ldots\ldots\ldots\ldots$$

A título indicativo:

$$\frac{\text{Beneficio anual}}{\text{Tiempo empleado T}} = \text{salario hora del apicultor}$$

(1) Precio del km estimado según baremo fijado por la administración para la indemnización de los funcionarios.

En una explotación importante, el beneficio F constituye la renta del apicultor, por consiguiente el salario correspondiente a su trabajo.

Para obtener la tasa hora de remuneración, es preciso por consiguiente dividir la renta por el número de horas empleadas.

$$\frac{\text{Rentas} \longrightarrow F}{\text{tiempo empleado} \longrightarrow T} = \text{tasa hora de remuneración del trabajo}$$

Los cálculos que acaban de exponerse podrán parecer superfluos a muchos dueños de pequeños colmenares. Es bueno, sin embargo, que ellos tengan la posibilidad de valorar ingresos y gastos con el fin de que no se imaginen, como sucede con demasiada frecuencia, que la miel no cuesta nada el producirla.

Conclusión

En conclusión, insistimos sobre el hecho de que toda actividad profesional debe ser remunerada en su justo precio. También es normal que algunos consideren como desleal el comportamiento de los que efectúan a *precio reducido* un trabajo idéntico al suyo, molestándoles así en la posibilidad que les ofrece esta actividad de ganarse la vida.

El pequeño productor cuya apicultura no consiste sino una renta de ayuda debe por consiguiente comportarse frente a los que extraen de este trabajo la fuente principal de sus recursos, como él desearía que los demás se condujeran en relación a su propia actividad principal.

Anexos: Construcción de colmenas

Dimensiones

El material de apicultura constituye un desembolso muy importante para el principiante. Es por lo que algunos, suficientemente mañosos y hábiles con sus manos, prefieren proceder ellos mismos a la fabricación de sus colmenas. Aquí encontrarán a continuación los planos que deben permitirles la realización de un material correcto.

Los planos facilitados se refieren a los tres principales modelos de colmenas utilizados en Francia a saber:

— colmena *Dadant* de 10 ó 12 cuadros;

— colmena *Voirnot*;

— colmena *Langtroth*.

Con estos planos se añaden igualmente los de una colmena realizada a partir de paneles de contrachapado, fácil de construir, ligera, bien aislada. Puede estar dotada de un piso aislante auto-limpiante, pero incompatible sin modificación si se quiere proceder a la investigación de las *varroas*.

Este piso está concebido para evitar toda humedad en la colmena, pudiendo el agua de condensación salir de modo natural.

Los distintos planos se han tomado de la publicación «*La santé de l'abeille*» (n.° 9 de 1969 y 39 de 1976).

Recomendaciones importantes

En toda construcción de colmena, hay que cuidar los espacios suficientes entre los cuadros y el cuerpo de la colmena. Estos deben ser de 7,5 mm como mínimo pero pueden alcanzar los 12 mm sin mayores inconvenientes. La falta de espacio (inferior a 4 mm) ocasiona la propolización entre los elementos en juego, con las complicaciones que ello implica durante las manipulaciones. La distancia entre la base de los cuadros y el piso debe ser de 20 mm como mínimo.

La madera a emplear para la construcción es preferentemente el abeto o el pino. El álamo es poco duradero. Las tablas utilizadas estarán muy secas, ya que en caso contrario el encogimiento y deformaciones puede ocasionar una disminución sensible de las condiciones iniciales y reducir notablemente el espacio entre cuadros y piso.

En caso de fabricación de colmenas con contrachapado, sólo se debe utilizar la calidad «marina» que, aunque es un poco más cara, resulta ser particularmente resistente en el tiempo, una colmena bien hecha puede durar por lo menos 20 a 30 años con un mínimo de mantenimiento.

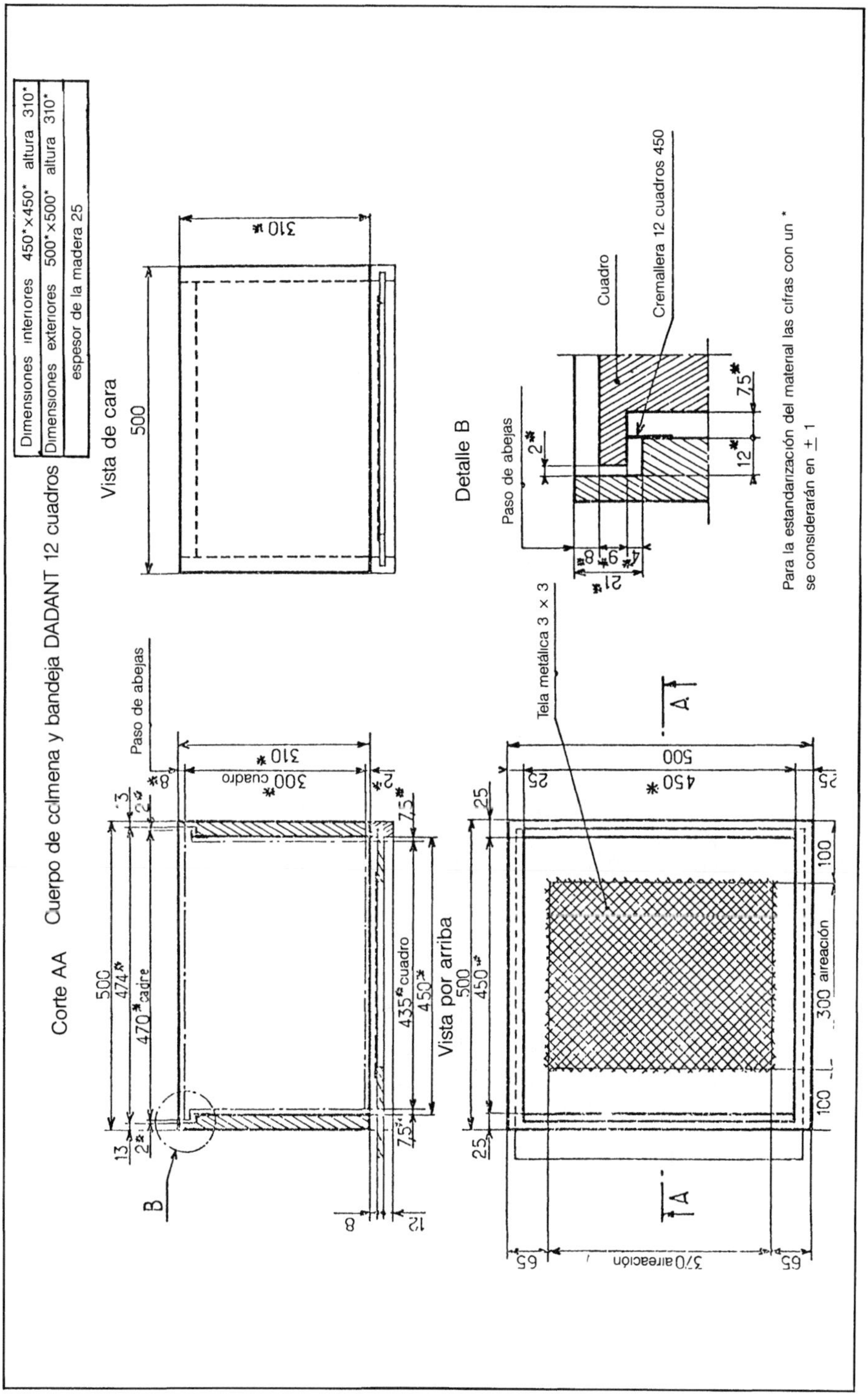
Cuerpo de colmena y bandeja DADANT 12 cuadros
Dimensiones interiores 450*×450* altura 310*
Dimensiones exteriores 500*×500* altura 310*
espesor de la madera 25
Vista de cara
Corte AA
Paso de abejas
Vista por arriba
Tela metálica 3 × 3
300 aireación
370 aireación
Detalle B
Cuadro
Cremallera 12 cuadros 450
Para la estandarización del material las cifras con un * se considerarán en ± 1

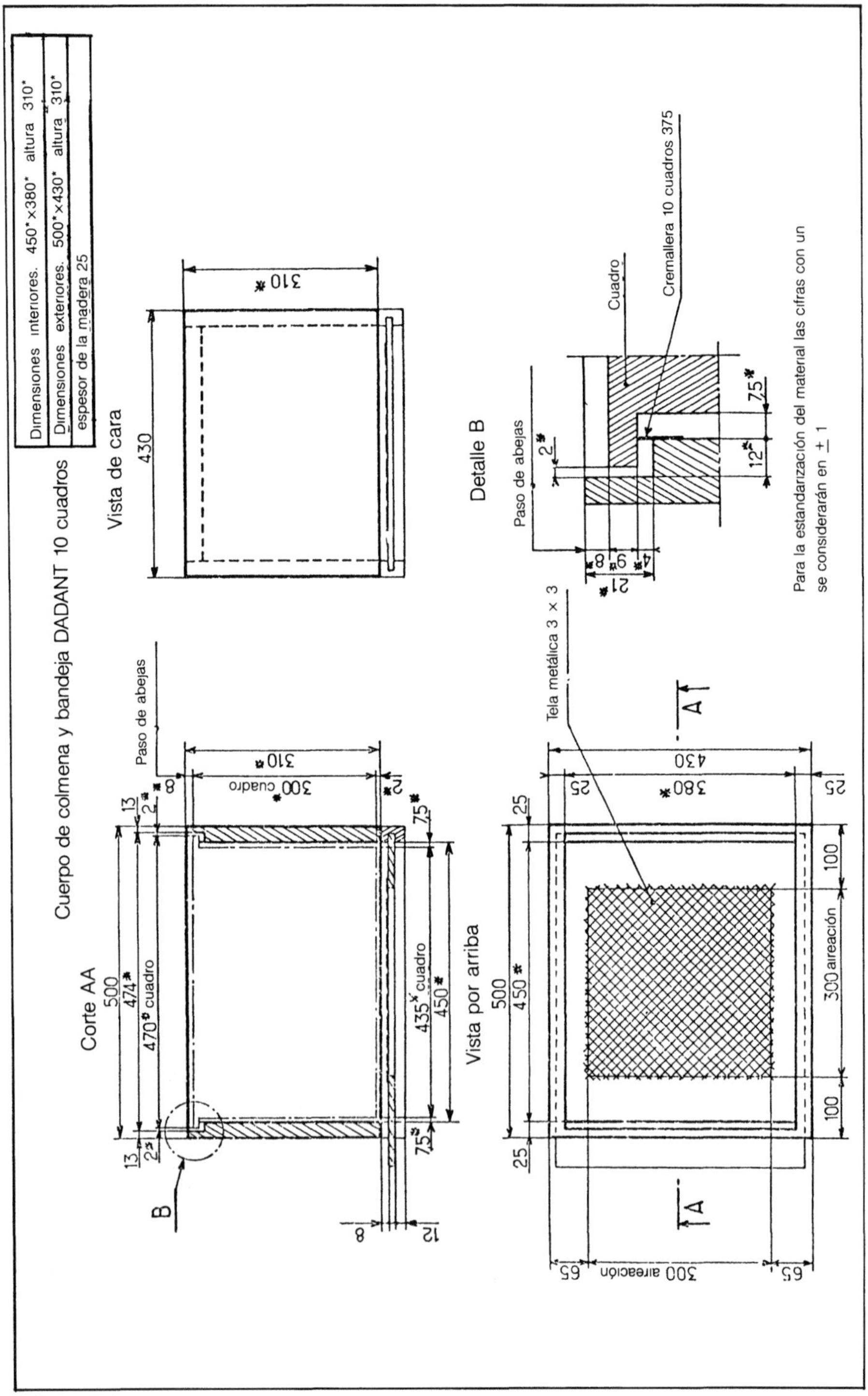

Dimensiones interiores. 450*×380* altura 310*
Dimensiones exteriores. 500*×430* altura 310*
espesor de la madera 25
Cuerpo de colmena y bandeja DADANT 10 cuadros
Vista de cara
Corte AA
Paso de abejas
Vista por arriba
Tela metálica 3 × 3
300 aireación
Detalle B
Paso de abejas
Cuadro
Cremallera 10 cuadros 375
Para la estandarización del material las cifras con un * se considerarán en ± 1

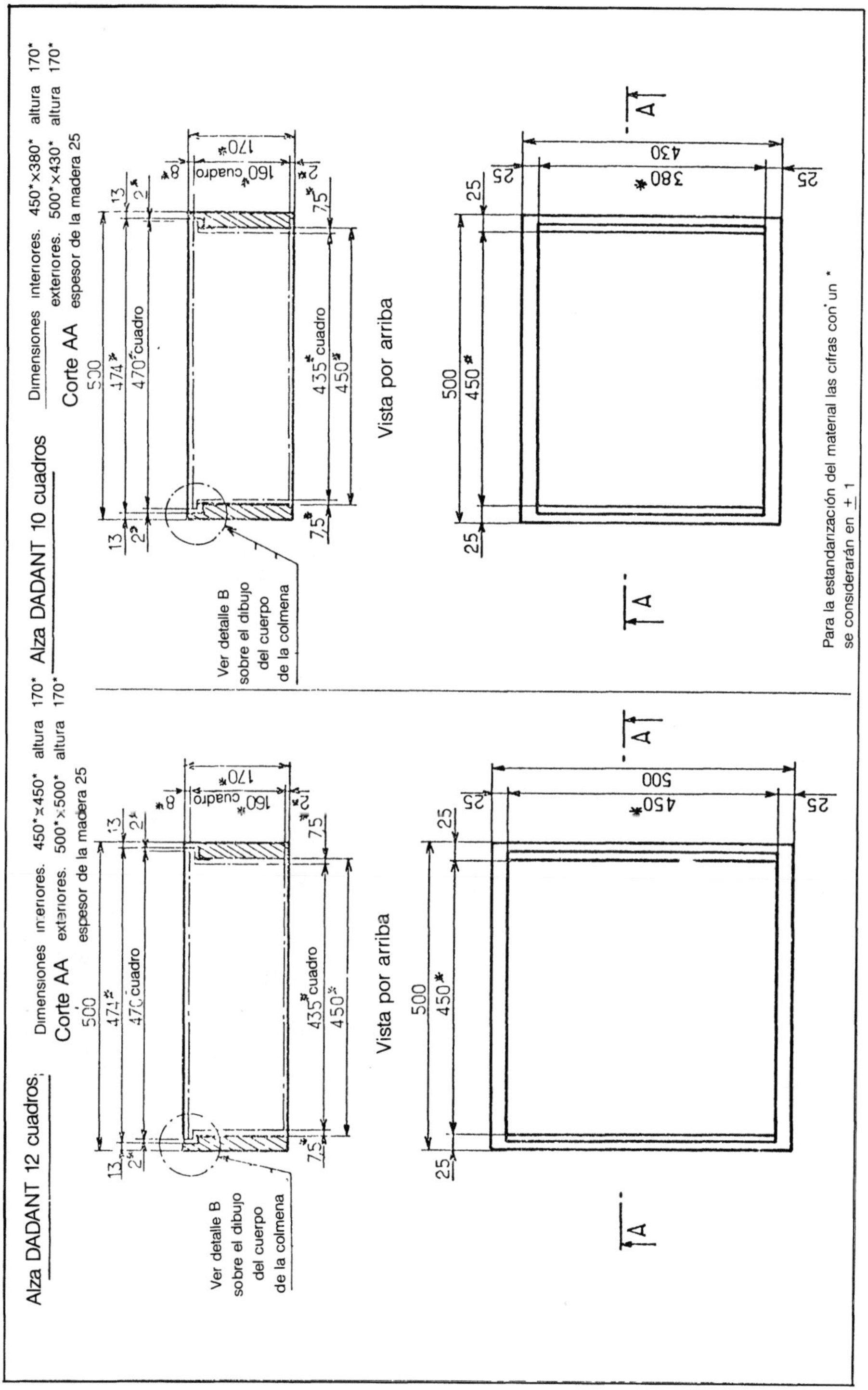
Alza DADANT 12 cuadros
Dimensiones interiores. 450*×450* altura 170*
exteriores. 500*×500* altura 170*
espesor de la madera 25
Corte AA
Ver detalle B sobre el dibujo del cuerpo de la colmena
Vista por arriba
Alza DADANT 10 cuadros
Dimensiones interiores. 450*×380* altura 170*
exteriores. 500*×430* altura 170*
espesor de la madera 25
Corte AA
Ver detalle B sobre el dibujo del cuerpo de la colmena
Vista por arriba
Para la estandarización del material las cifras con un * se considerarán en ± 1

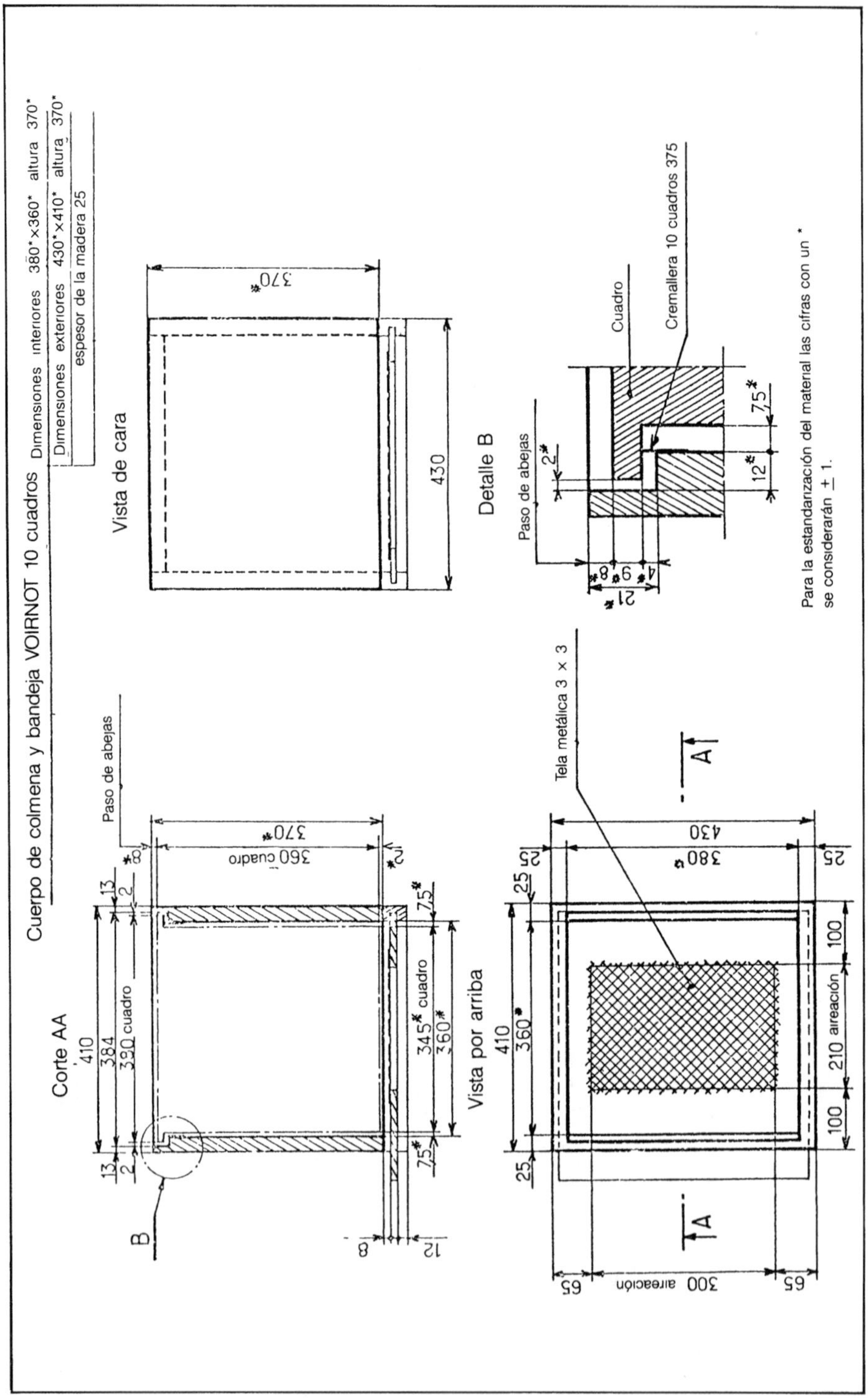
Cuerpo de colmena y bandeja VOIRNOT 10 cuadros
Dimensiones interiores 380*×360* altura 370*
Dimensiones exteriores 430*×410* altura 370*
espesor de la madera 25
Corte AA
Paso de abejas
360 cuadro
390 cuadro
345* cuadro
Vista de cara
Vista por arriba
210 aireación
300 aireación
Tela metálica 3 × 3
Detalle B
Cuadro
Cremallera 10 cuadros 375
Para la estandarización del material las cifras con un *
se considerarán ± 1.

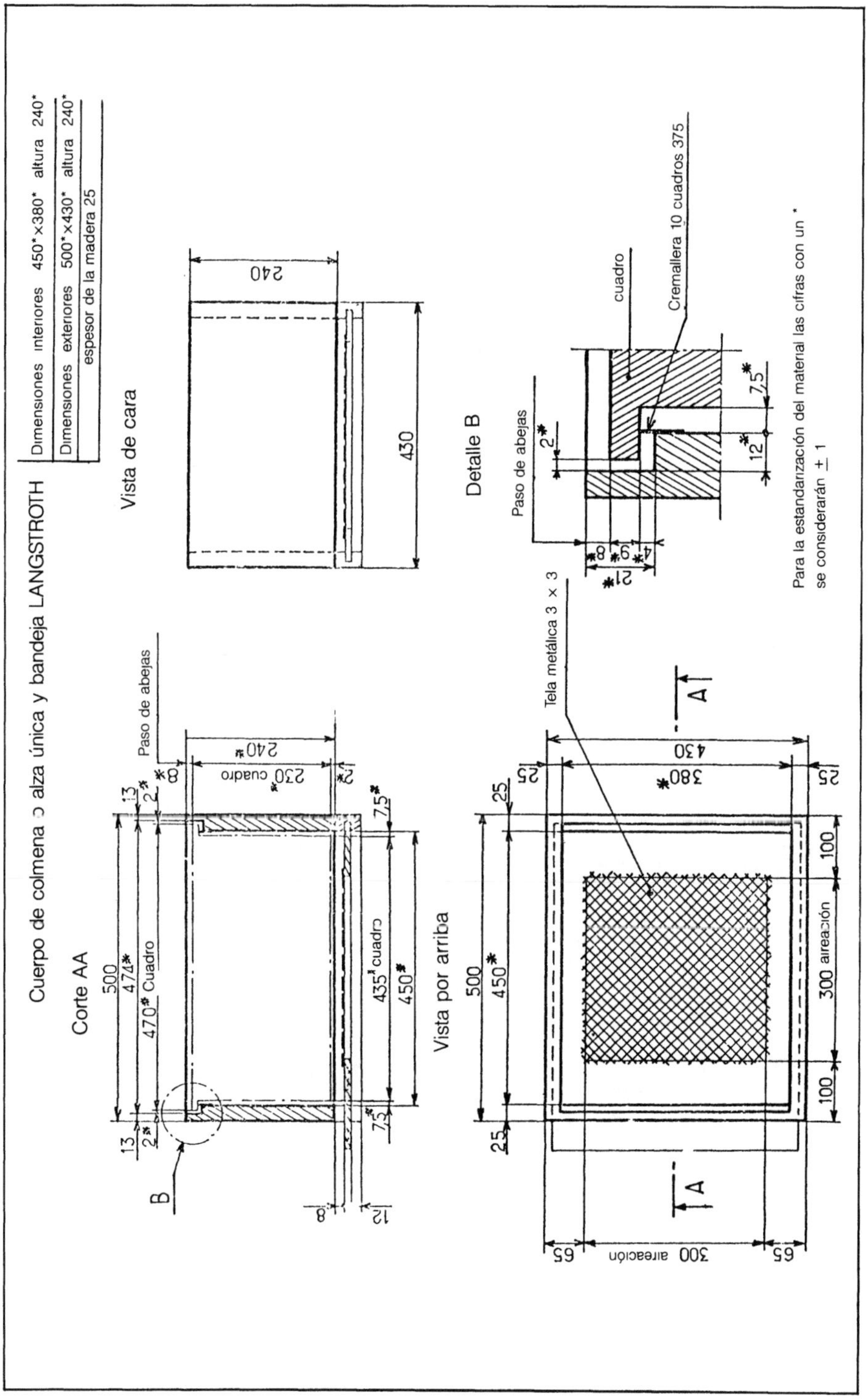
Cuerpo de colmena o alza única y bandeja LANGSTROTH
Dimensiones interiores 450*×380* altura 240*
Dimensiones exteriores 500*×430* altura 240*
espesor de la madera 25
Corte AA
Vista de cara
Detalle B
Vista por arriba
Paso de abejas
Cuadro
cuadro
Cremallera 10 cuadros 375
Tela metálica 3 × 3
300 aireación
Para la estandarización del material las cifras con un * se considerarán ± 1

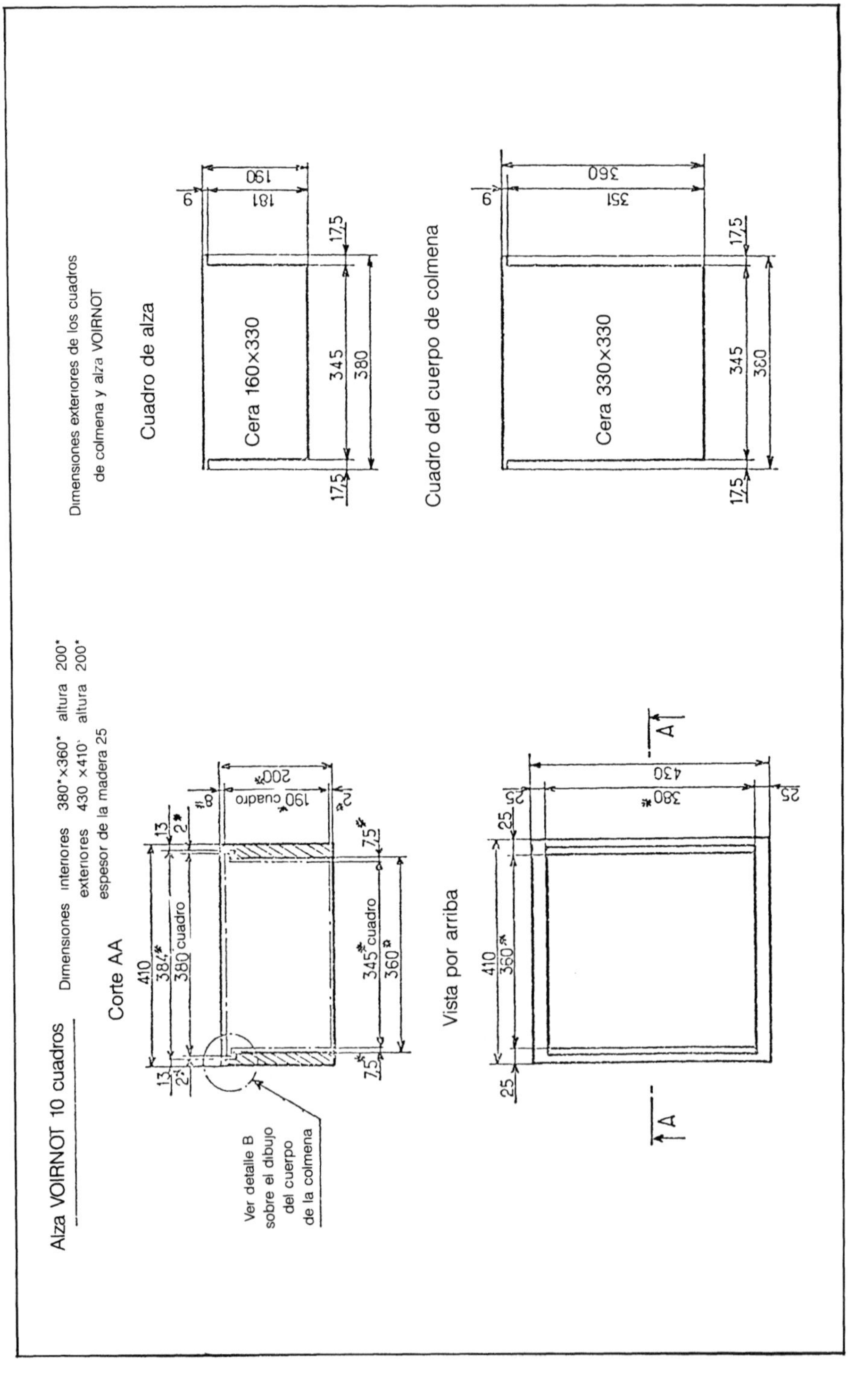
Alza VOIRNOT 10 cuadros
Dimensiones interiores 380*×360* altura 200*
exteriores 430 ×410* altura 200*
espesor de la madera 25
Corte AA
Vista por arriba
Ver detalle B sobre el dibujo del cuerpo de la colmena
Dimensiones exteriores de los cuadros de colmena y alza VOIRNOT
Cuadro de alza
Cera 160×330
Cuadro del cuerpo de colmena
Cera 330×330

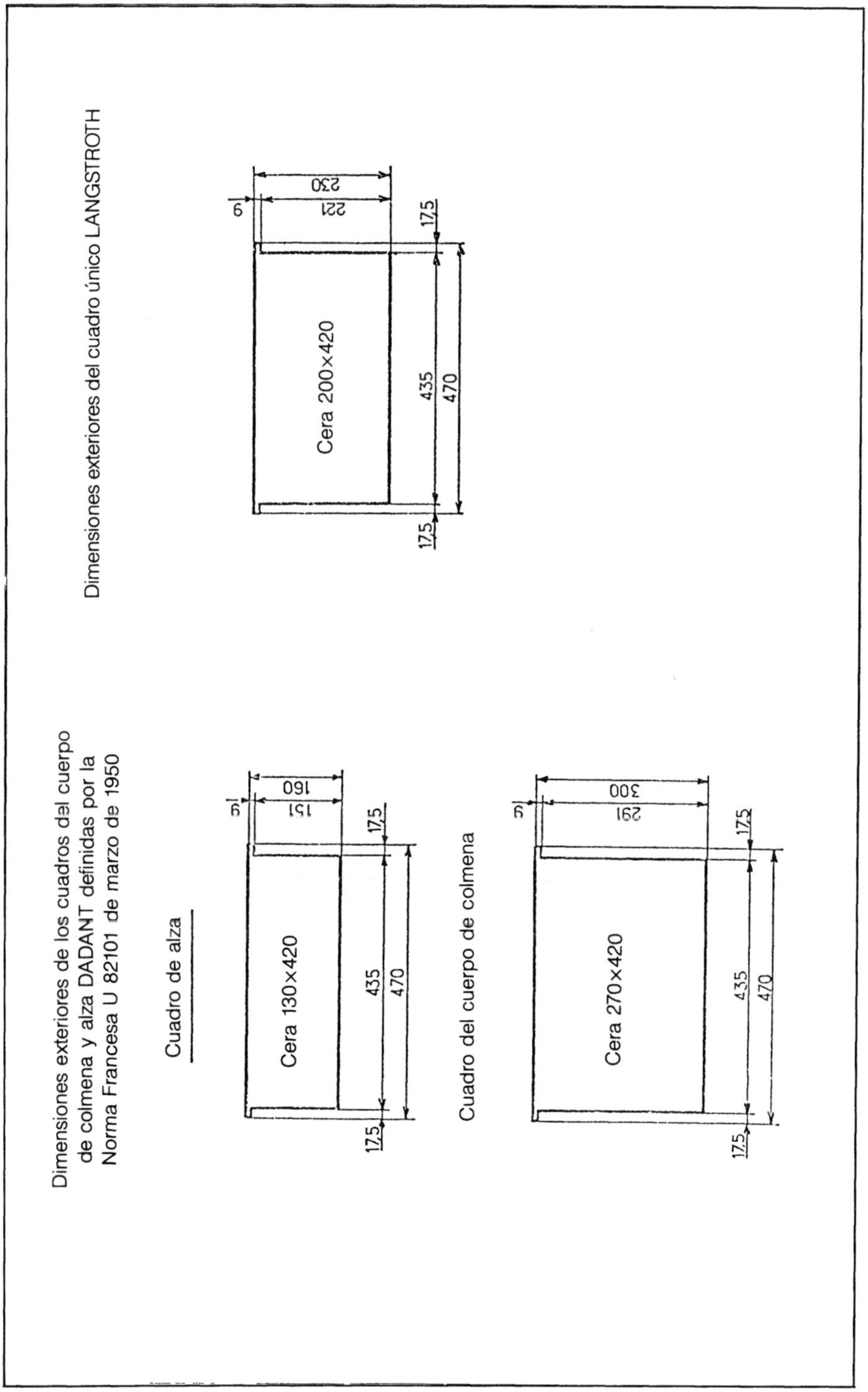
Dimensiones exteriores del cuadro único LANGSTROTH
Cera 200×420
230
221
9
17,5
435
470
17,5
Dimensiones exteriores de los cuadros del cuerpo de colmena y alza DADANT definidas por la Norma Francesa U 82101 de marzo de 1950
Cuadro de alza
Cera 130×420
160
151
17,5
435
470
17,5
Cuadro del cuerpo de colmena
Cera 270×420
300
291
17,5
435
470
17,5

COLMENA AISLADA «ILE DE FRANCE»

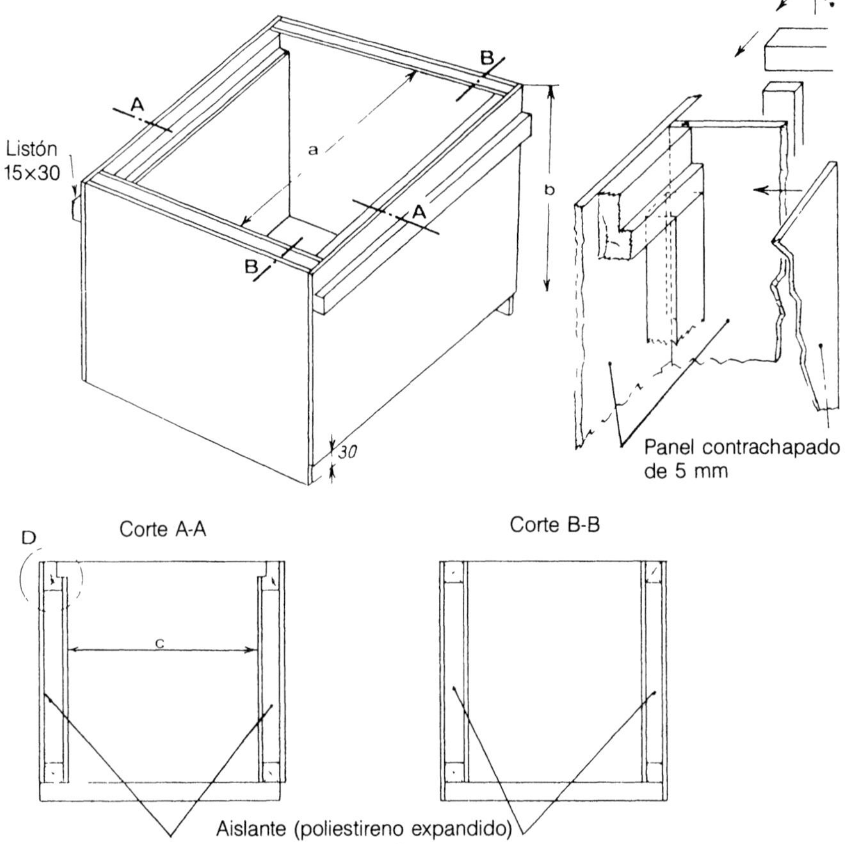

Detalle D

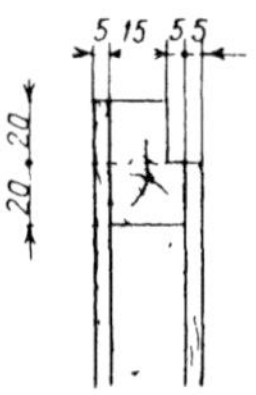

TIPO	a	b	c
Dadant 12 C	455	330	455
Voirnot 9 C	360	370	370

NOTA: Utilizar un contrachapado calidad «Marina»
(tomado de la revista «La santé de l'abeille»)

REALIZACION

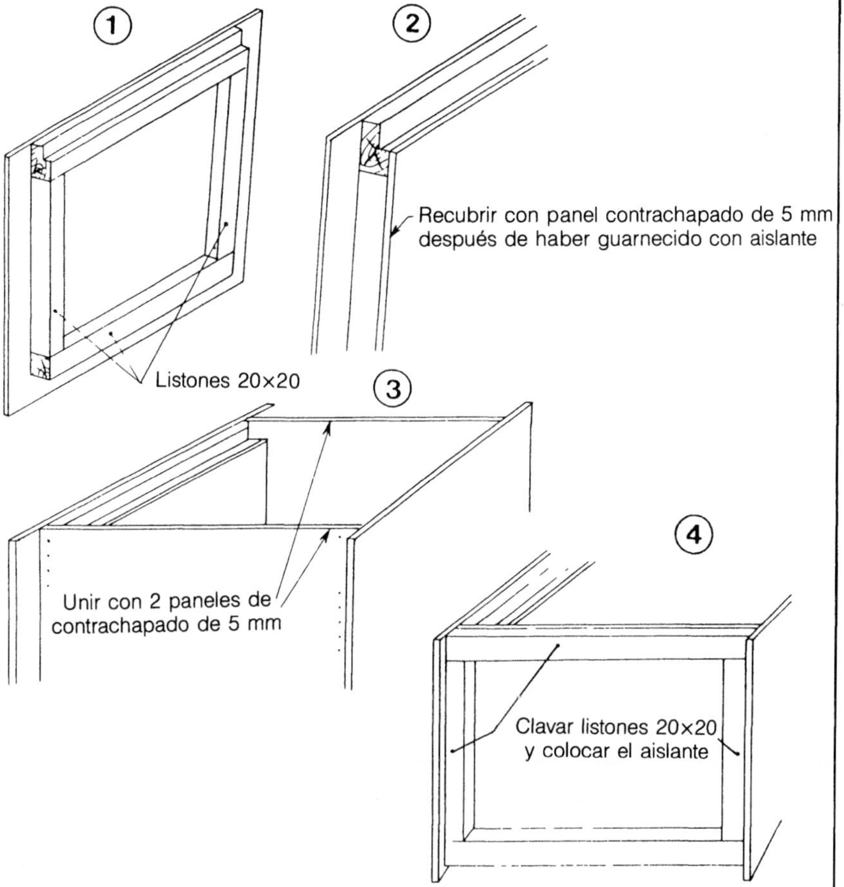

⑤ Recubrir los 2 costados con paneles de contrachapado de 5 mm

BANDEJA AISLANTE

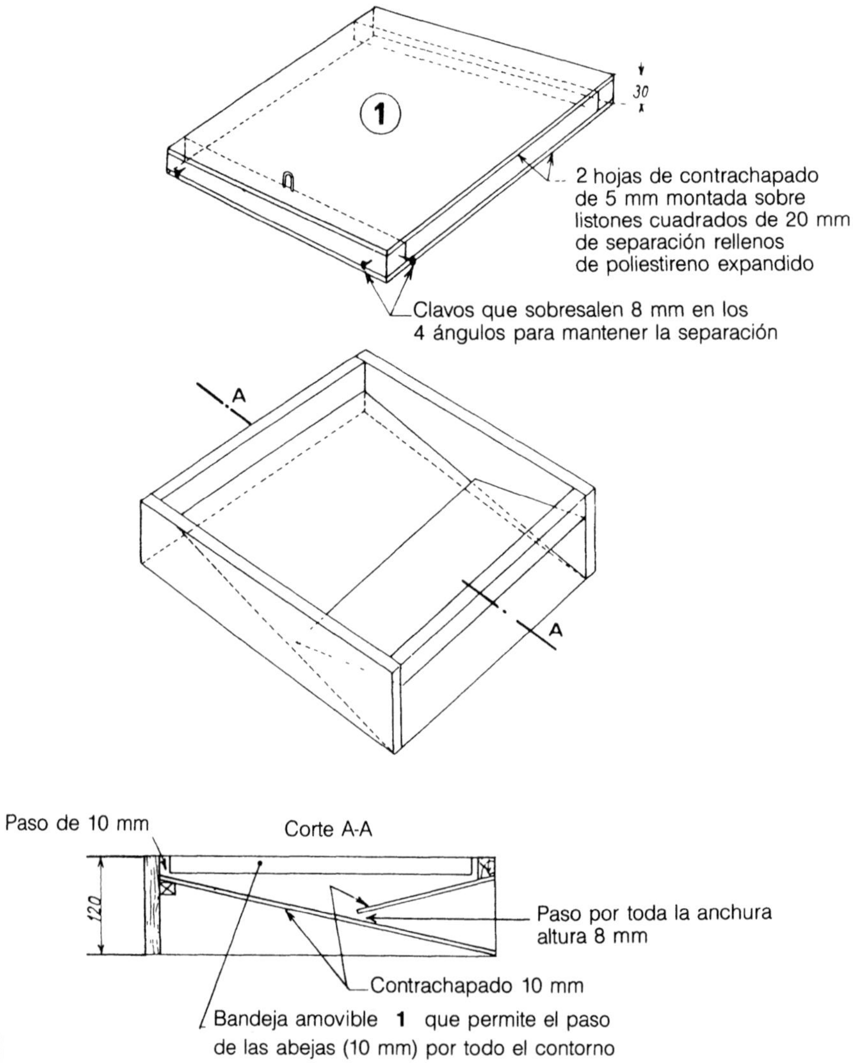